安全守則

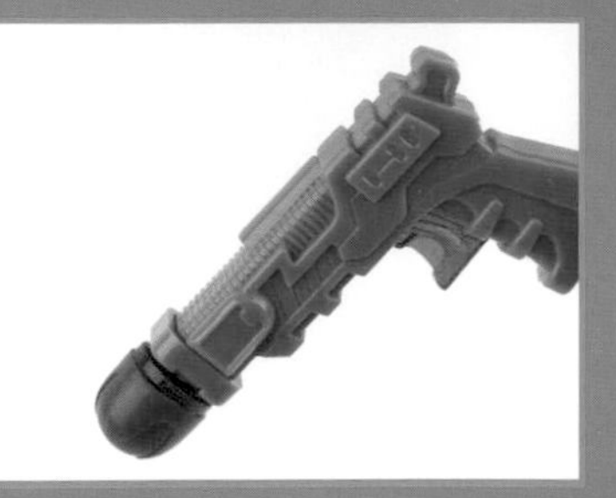

發射器必須指向安全方向，不要指着其他人、動物或易碎物件。

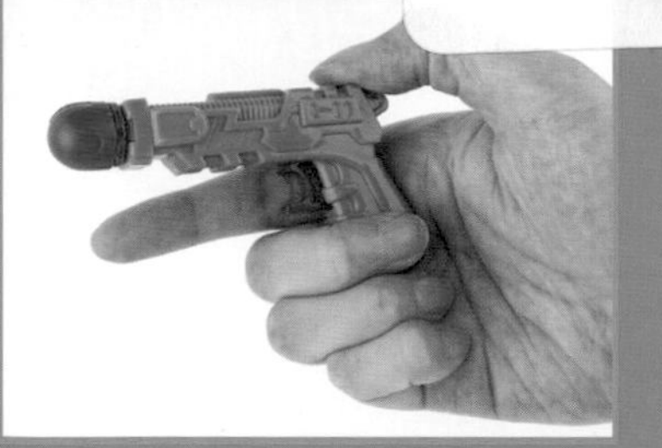

手指不要放在扳機上，避免誤觸而走火，直至已瞄準目標及準備發射。

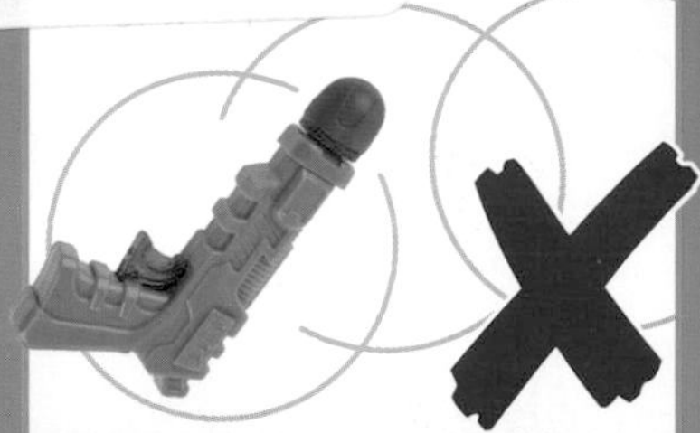

不要投擲發射器，避免走火。

嘟一嘟在正文社 YouTube 頻道搜索「旋轉射擊裝置」觀看組裝及使用過程！

玩法

難度：★

只在其中一個升起的升降台上放一個迷你瓶，非常適合新手試射！

難度：★★

正常玩法，將 4 個迷你瓶都放在升降台上，並啟動轉盤。這樣就要趁迷你瓶升起來時，才可將它打出轉盤！

難度：★★★

把 2 個迷你瓶放在 2 個升起的升降台上，一次過將 2 個瓶打出轉盤！如要再增加難度，則可啟動轉盤。

旋轉射擊裝置的運作原理

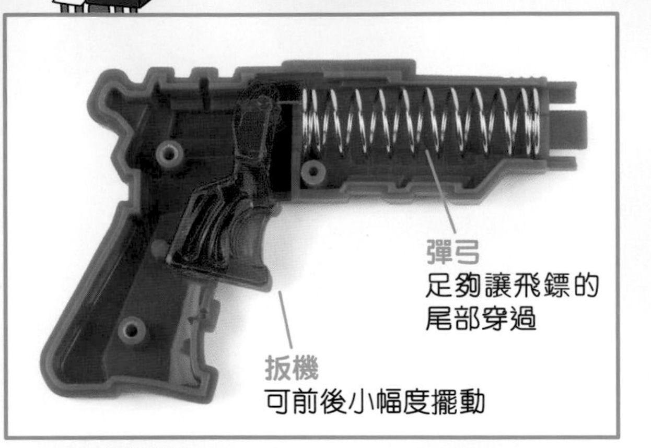

上彈時，飛鏢尾部穿進彈弓，前面較闊的部分則會將彈弓壓縮，因而儲存彈性位能。

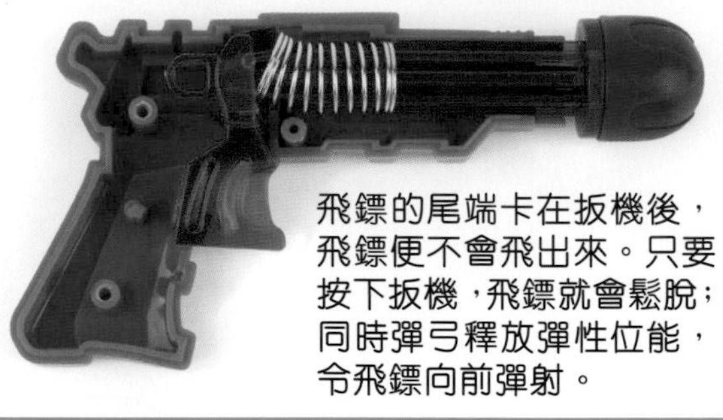

飛鏢的尾端卡在扳機後，飛鏢便不會飛出來。只要按下扳機，飛鏢就會鬆脫；同時彈弓釋放彈性位能，令飛鏢向前彈射。

◀轉盤旋轉時，升降台則因為斜面而上升及下降。

◀齒輪箱內有各個齒數不同的齒輪，從摩打開始觀察，可發現總是由較小的齒輪帶動較大的齒輪。

齒輪箱內的齒輪速度層層遞減，轉盤的轉速就不會太快了。

長距離射擊挑戰！

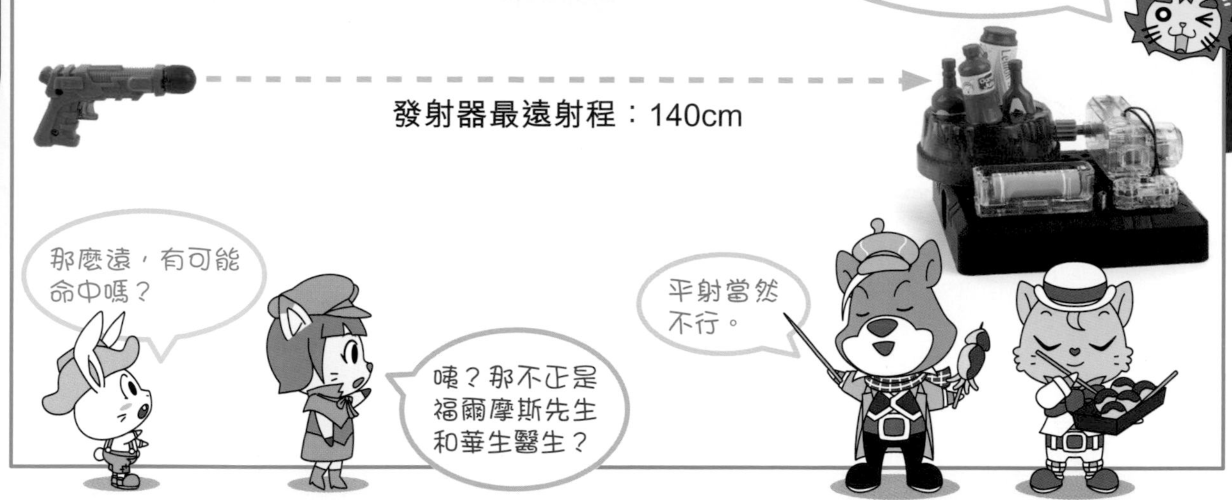

飛鏢射出後，若忽略四周的空氣阻力，那麼它全程都只受自身重力影響而被拉向下，這就稱為拋體運動。

物件進行拋體運動時，其射程會受到起始位置的高度、發射角及起始速率影響。以下方圖表為例，可看出拋體運動的 2 個特點：

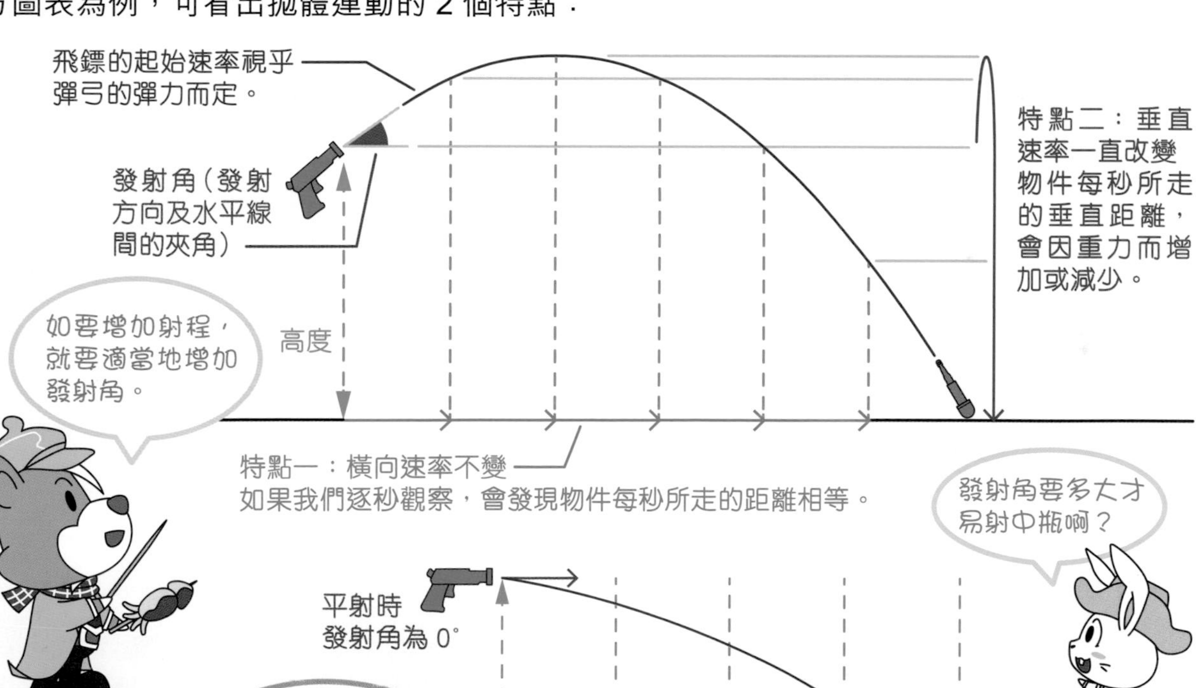

自製發射台

想知發射角要多少？用以下的紙盒發射台找答案吧。

完成簡易組裝後，將紙盒放在平面上，然後調校發射角，射擊轉盤上的迷你瓶！

1 用硬卡紙剪出一個直徑 15cm 的圓形。

沿直徑畫一條直線。

⚠請在家長陪同下使用刀具及尖銳物品。

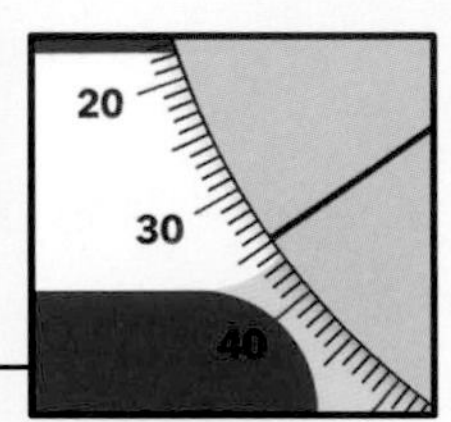

直線所指的角度就是發射角了！

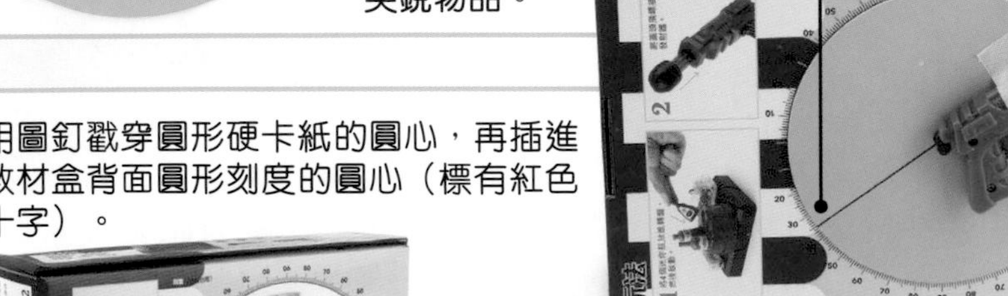

2 用圖釘戳穿圓形硬卡紙的圓心，再插進教材盒背面圓形刻度的圓心（標有紅色十字）。

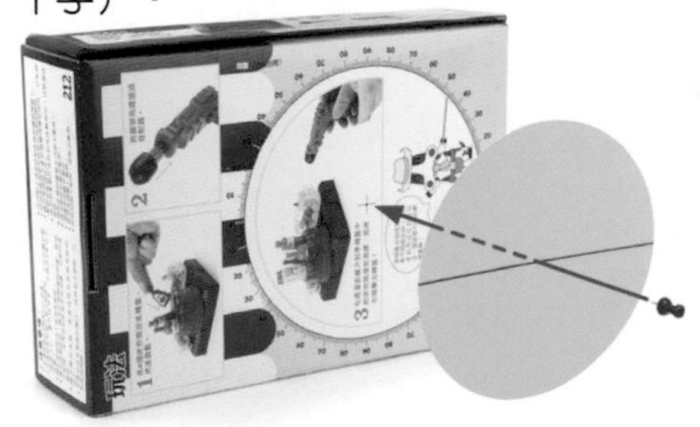

3

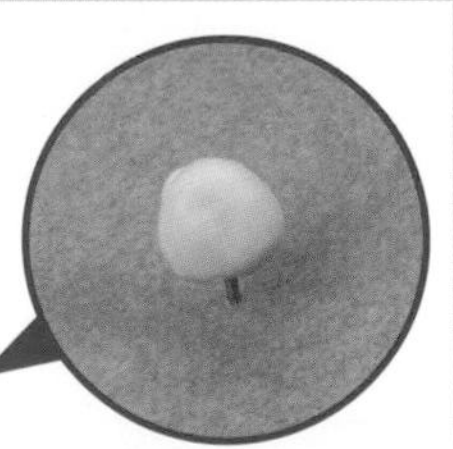

用萬用貼包裹盒內的針頭，貼在盒的內壁。

4 按照自己的慣用手，用膠紙把發射器固定在圓形硬卡紙上，槍管與直徑重疊。

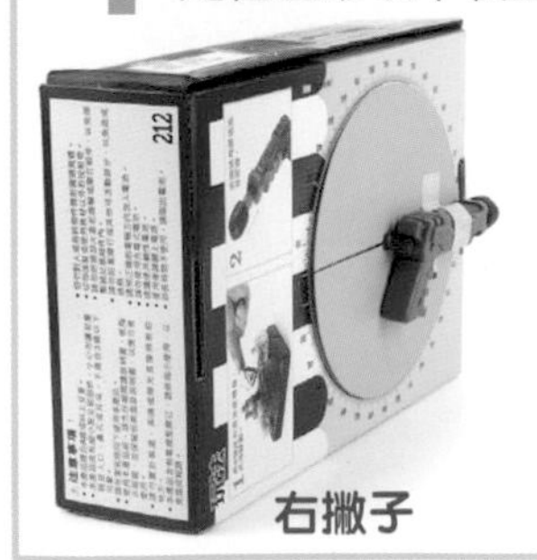

右撇子

左撇子

故意飛不遠的設計？

教材的飛鏢並非流線型，其重心也不在中間，而是在非常接近頭部位置。這種設計是為了確保飛鏢下墜，以免飛得太遠。

現代運動標槍的重心也較接近槍頭，目的就是降低標槍的射程！這種設計於 1986 年開始使用，此前的運動標槍重心接近槍的中間，而且槍頭比現代的標槍更貼近流線型，擲出後很容易飛得很遠，甚至有飛出場外而傷到觀眾的危險，所以便被改「差」。

理想優於現實的角度：45°

如果不受四周空氣的阻礙，這個角度下的飛鏢射程最遠！可是，在有空氣的實際情況下，空氣阻力會令飛鏢減速掉下，因此實際的射程會較短。

實際的 45° 軌跡

實際的 35°～ 42° 軌跡

理想中的完美軌跡　　實際軌跡

實際最佳角度：35° 至 42°

經實測後，可令飛鏢飛得最遠的發射角，介乎 35° 至 42° 之間，這會因應周圍環境而改變。

射這麼多次也打不中？不會吧……

空氣阻力的威力

空氣輕飄飄的，既看不見又摸不到，卻可阻礙物件前進！

2012 年，奧地利的費利克斯．保加拿穿着專為他設計的跳傘用太空衣，乘氣球上升至 38969.4 米高的平流層，然後一躍而下，其下跌速度就主要是受空氣阻力影響。

平流層空氣稀薄，空氣阻力極低，保加拿因此愈掉愈快，其速度高達每小時 1357.6 公里，比音速還要快！這是目前人類自由落體速度最快的世界紀錄。

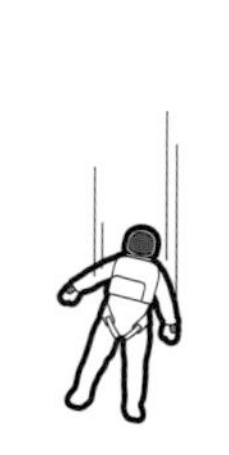

隨着保加拿不斷下掉，他四周的空氣愈來愈濃厚，空氣阻力上升，令他不斷減速至每小時 200 至 300 公里。

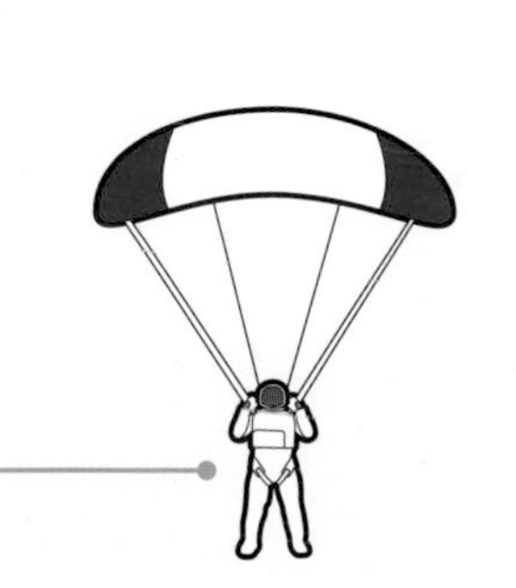

降傘打開後，速度會再下掉至每小時 20 至 30 公里，並配合適當的降落技巧，使他着地時的下降速度接近 0。

▲保加拿準備從飛行艙跳下時，其位處的高度幾乎沒有空氣，因此需要太空衣供氧才能生存。另外，由於那裏沒有空氣粒子，他還可看見漆黑的太空！

機動遊戲的力學小秘密

設計機動遊戲時，有很多力學上的考慮，確保乘客玩得開心又安全。

G力

當過山車上坡、下坡或拐彎時，乘客會感受到G力（因加減速而自身感受到的額外重力）。適當的G力會令乘客感到刺激好玩，但過大卻使人感到不適，因此工程師在設計時要非常小心。

過山車從高峰開始往下衝的瞬間，乘客受到「負G力」影響，因而短暫地感到自己向上拋。

下坡時，位能轉化為動能。

從最低處開始向上爬升的瞬間，乘客受「正G力」影響，覺得自己重了幾倍。

上坡時，動能轉為位能。

哇！

哇！

由於過山車會一直損失能量，所以軌道的每個高峰一個比一個矮，以確保讓過山車順利跨越。

過山車的「能量管理」

過山車通常只有在起點上斜時，才靠外力驅動，其後完全靠重力沿軌道奔馳。換言之，它只利用開始時所儲存的重力位能，完成整個旅程。

跳樓機及自由落體

跳樓機的座位升上塔頂後，會沿軌道不受阻礙地掉下去。這種不受阻力約束而下跌的物體，叫「自由落體」。當然，地球上因有空氣阻力，故此自由落體並非完全「自由」。

身體下墜是人類其中一種與生俱來的恐懼。乘客會感到失重，其體驗跟玩過山車相似。

跳樓機座位並非「掉足全程」，而是預留了一段頗長的距離，讓其慢慢減速，確保乘客所受的G力不會過大。

▲升降機起動瞬間及減速時，乘客也會感到稍微變輕或變重，這也是G力的表現。

旋轉秋千

有別於過山車和跳樓機，乘客不會感到失重，但會因離心力而有一種被拋向外的感覺。

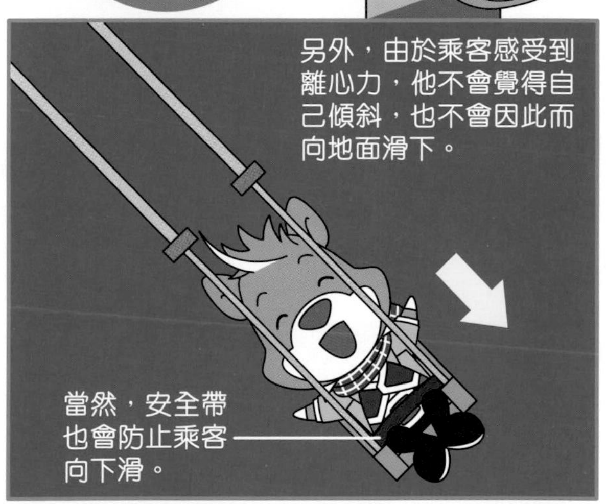

孟加拉白虎

孟加拉白虎（White Bengal Tiger），又稱白老虎，是大型貓科哺乳類動物。由於 SLC45A2 基因突變，身體無法產生橙色色素，所以毛髮呈白色。

白虎身長可達 3 米，體重可達 230 公斤，眼睛是冰藍色。其身軀肌肉發達，四肢強壯有力，有尖銳的牙齒和可伸縮的腳爪，尾巴長約 1 米。

牠們分佈於印度、印尼和東南亞一帶，喜歡在森林、高山和繁茂的雨林棲息，主要在夜間捕獵野豬和野牛等動物。這種老虎大約 2 至 3 歲時完全長大，壽命估計有 10 年以上，全世界約有數百隻被圈養。

▲牠們不怕水，善於游泳，也有強勁的夜視能力和敏銳的聽力。

▲白虎的食量很大，每天可吃 29 公斤的肉，大約等於 15 隻雞。

▲黑色條紋有助白虎隱藏自己，但白色毛皮較顯眼，令牠們在野外較難生存。

有興趣跟海豚哥哥出海考察中華白海豚嗎？請瀏覽網址：
https://eco.org.hk/mrdolphintrip

收看精彩片段，
請訂閱 Youtube 頻道：
「海豚哥哥」
https://bit.ly/3eOOGlb

海豚哥哥 Thomas Tue

海豚哥哥簡介

自小喜愛大自然，於加拿大成長，曾穿越洛磯山脈深入岩洞和北極探險。從事環保教育超過 20 年，現任環保生態協會總幹事，致力保護中華白海豚，以提高自然保育意識為己任。

假日，愛因獅子與朋友一起到遊樂場玩耍，並挑戰玩海盜船。
科學DIY
力學
好可怕！
好刺激！
兒童的科學
正文社 YouTube 頻道
嘟一嘟在正文社 YouTube 頻道搜尋「#212DIY」觀看製作過程！
搖搖海盜船
製作時間：約 1.5 小時
製作難度：★★★☆☆

製作方法

⚠請在家長陪同下使用刀具及尖銳物品。

材料：廁紙筒 ×4、竹籤、約 20 cm × 16 cm 大小的硬卡紙
工具：膠紙、膠水、剪刀、大頭釘、鉛筆

1 先用大頭釘在兩個廁紙筒兩側約 2cm 位置開孔，再用竹籤擴大孔口。

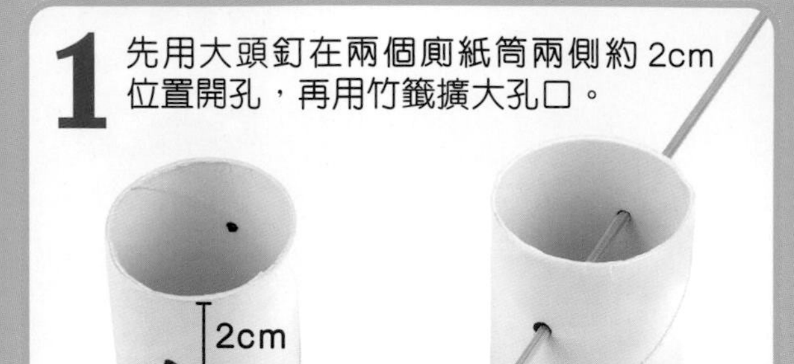

2 剪下約 7cm 竹籤備用。

7cm

3 把已穿孔的廁紙筒放在未穿孔的廁紙筒上面，並用膠紙固定。

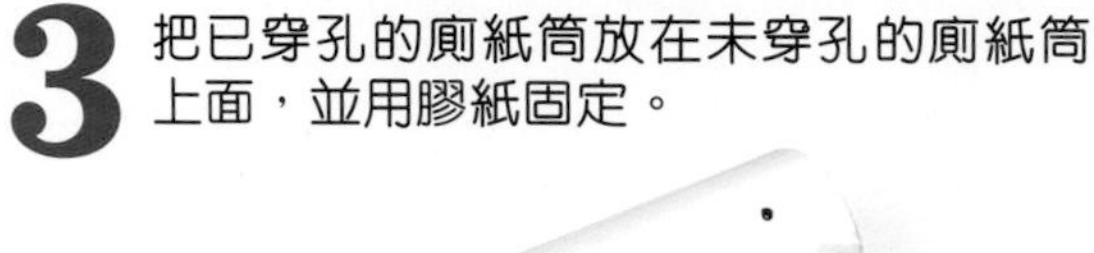

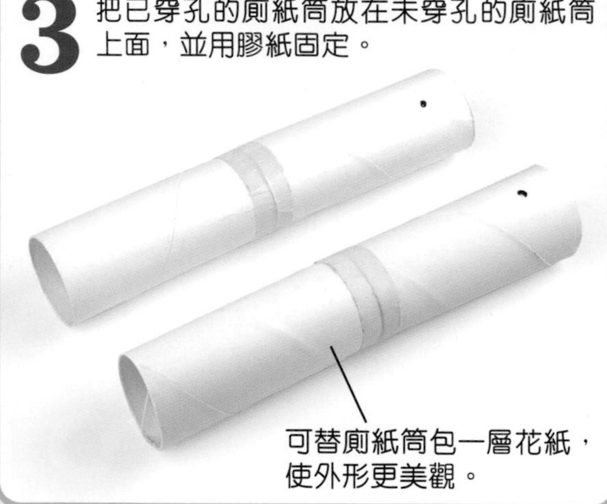

4 剪出船身紙樣，將左右兩邊摺起，並黏合船頭和船尾。

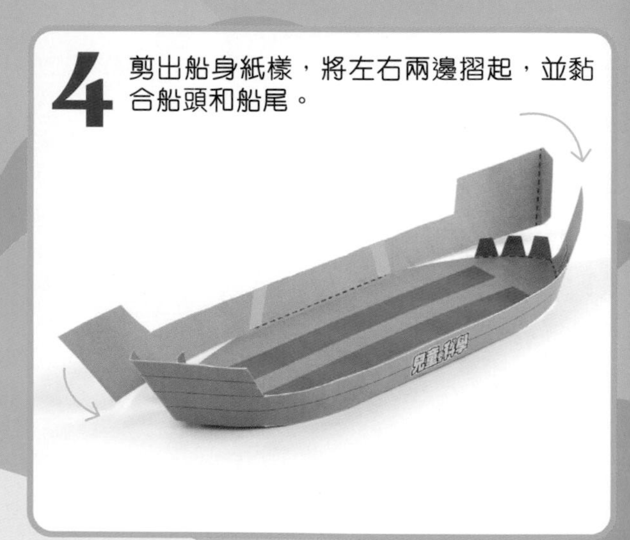

5 剪出海盜旗，黏在步驟 2 剪下來的竹籤上。

6 剪下乘客、酒桶和寶箱紙樣，如圖黏在船的軌道上。

7

在硬卡紙上先剪出兩個底 6cm，高 12cm 的三角形；再從中剪出一個底 5cm，高 9cm 的三角形。另外，剪出兩個 1.5cm × 1.5cm 的正方形。

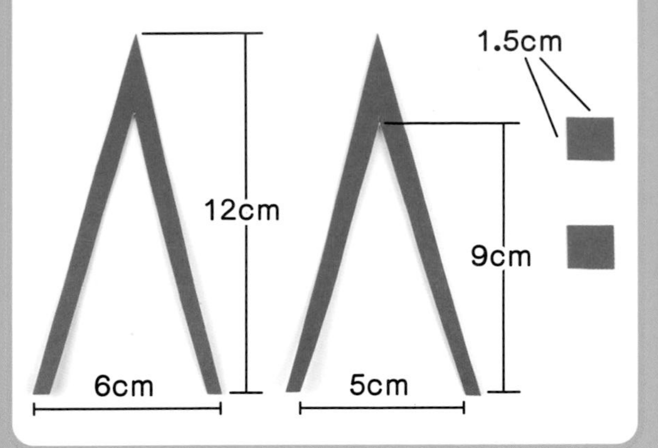

8

如圖用大頭釘在大約 1cm 的位置為兩個倒轉的 V 形支架開孔，再用鉛筆擴大孔口。另外在兩個硬卡紙正方形中間開孔。

孔口擴大至能在竹籤上輕鬆轉動。

1cm

孔口剛好能套上竹籤即可。

9

把支架黏在海盜船兩邊的內側。

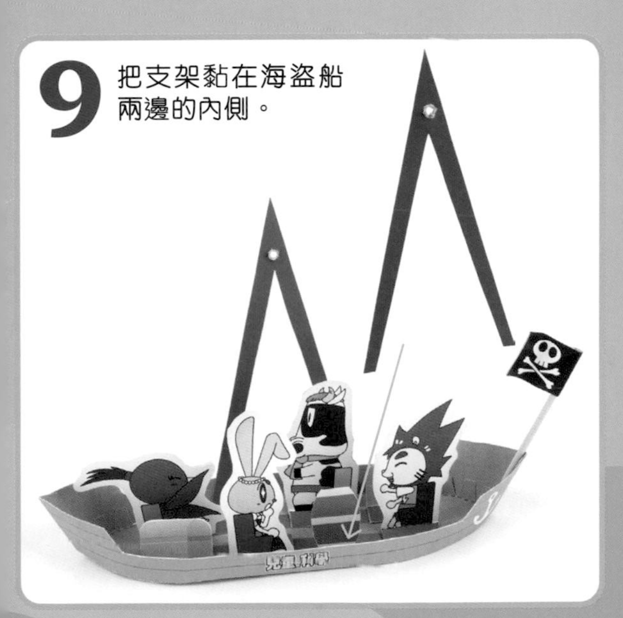

10

把竹籤穿進其中一個廁紙筒的孔洞，再如圖逐一把硬卡紙正方形、支架和另一廁紙筒套進竹籤。

11

用膠紙把兩個廁紙筒黏在桌上，防止它因搖晃而倒下。

為何海盜船的擺動軌跡是弧形？——鐘擺原理

海盜船的擺動方向受兩種力影響。首先，重力會使船向下墜。另外，由於船身支架連接頂部的轉軸，以致船只能繞着轉軸移動，在船上支架產生的拉力也指向轉軸。兩種力作用的過程如下：

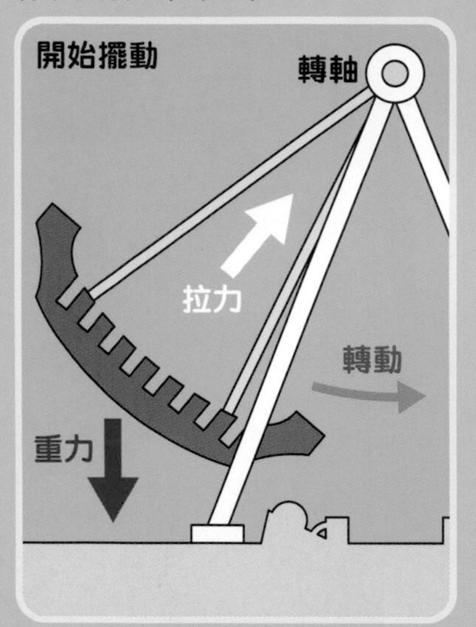

▲當海盜船置於頂端，重力就把它往下拉，而拉力卻使船無法遠離轉軸。於是船只能以弧形軌跡往前擺動，不會直墜地面。

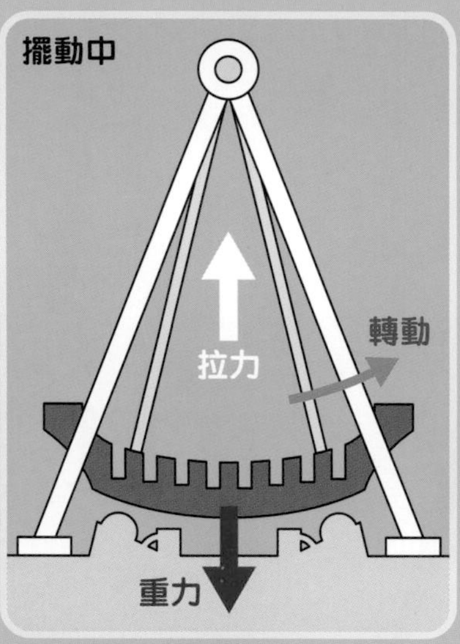

▲船到達最低點時，受慣性影響，繼續沿弧形軌跡向上擺動。

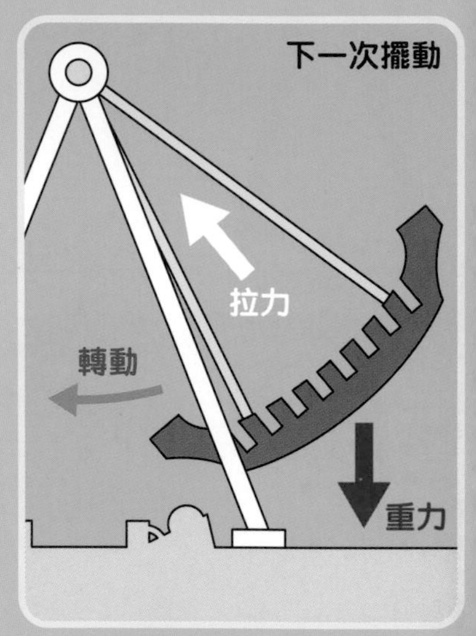

▲當船處於另一頂端，會再次在拉力與重力的共同作用下，沿着原本軌跡往後擺動，猶如鐘擺一般，周而復始。

海盜船擺動時的能量轉換

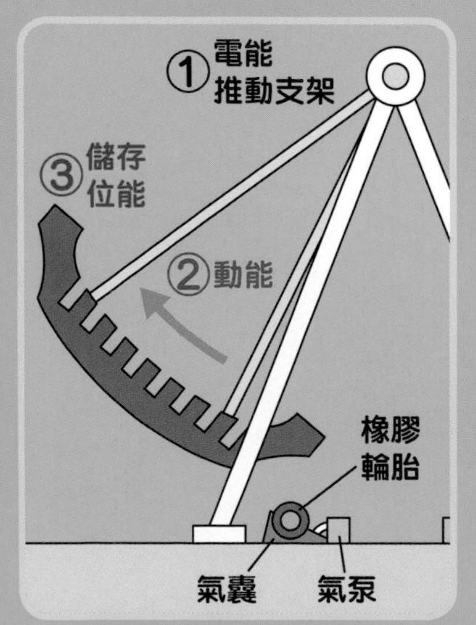

▲工作人員開啟電源，把電能轉作動能，將海盜船推至頂端，讓其擁有位能。

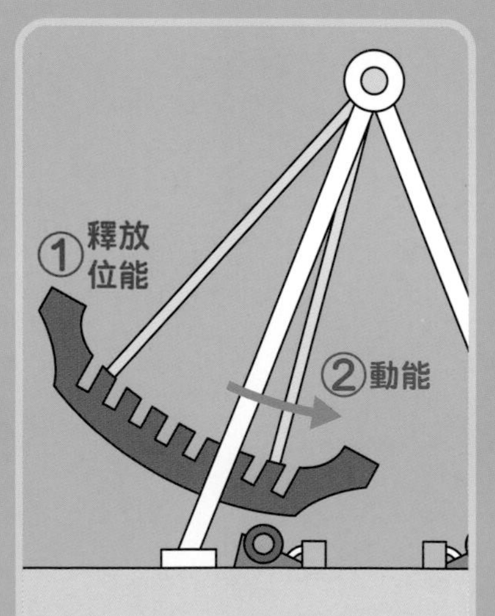

▲船往下衝時，位能轉變為動能。當海盜船到達另一頂端，再次儲存位能，往下擺動，又轉為動能，周而復始。

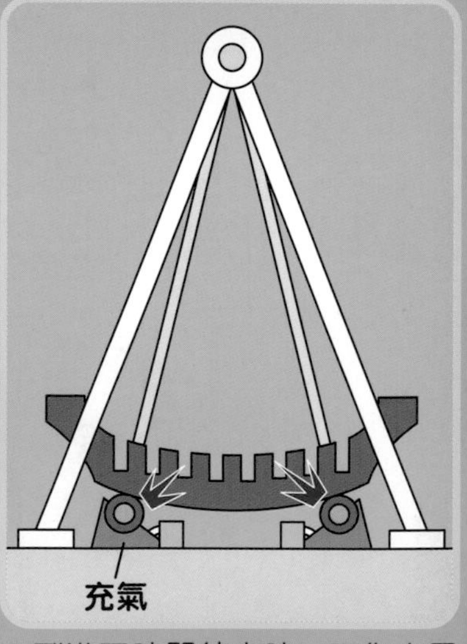

▲到遊玩時間結束時，工作人員會以機械氣泵替裝置台的氣囊充氣，氣囊頂起橡膠輪胎，使其碰觸海盜船，利用摩擦力把船剎停。

紙樣

沿實線剪下　沿虛線向內摺　黏合處

船身

鬼童的科學

鬼童的科學

乘客

寶箱

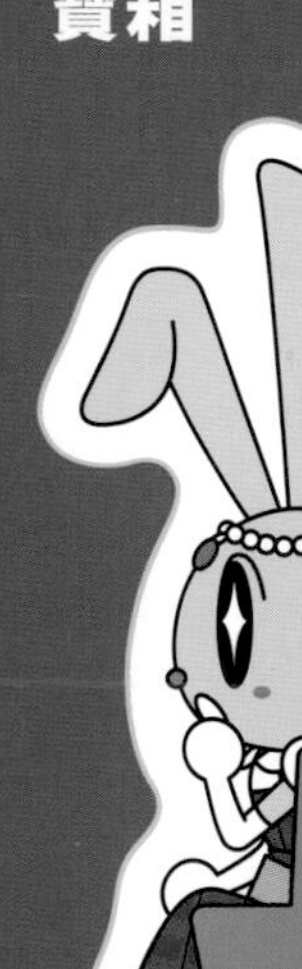

海盜旗

酒桶

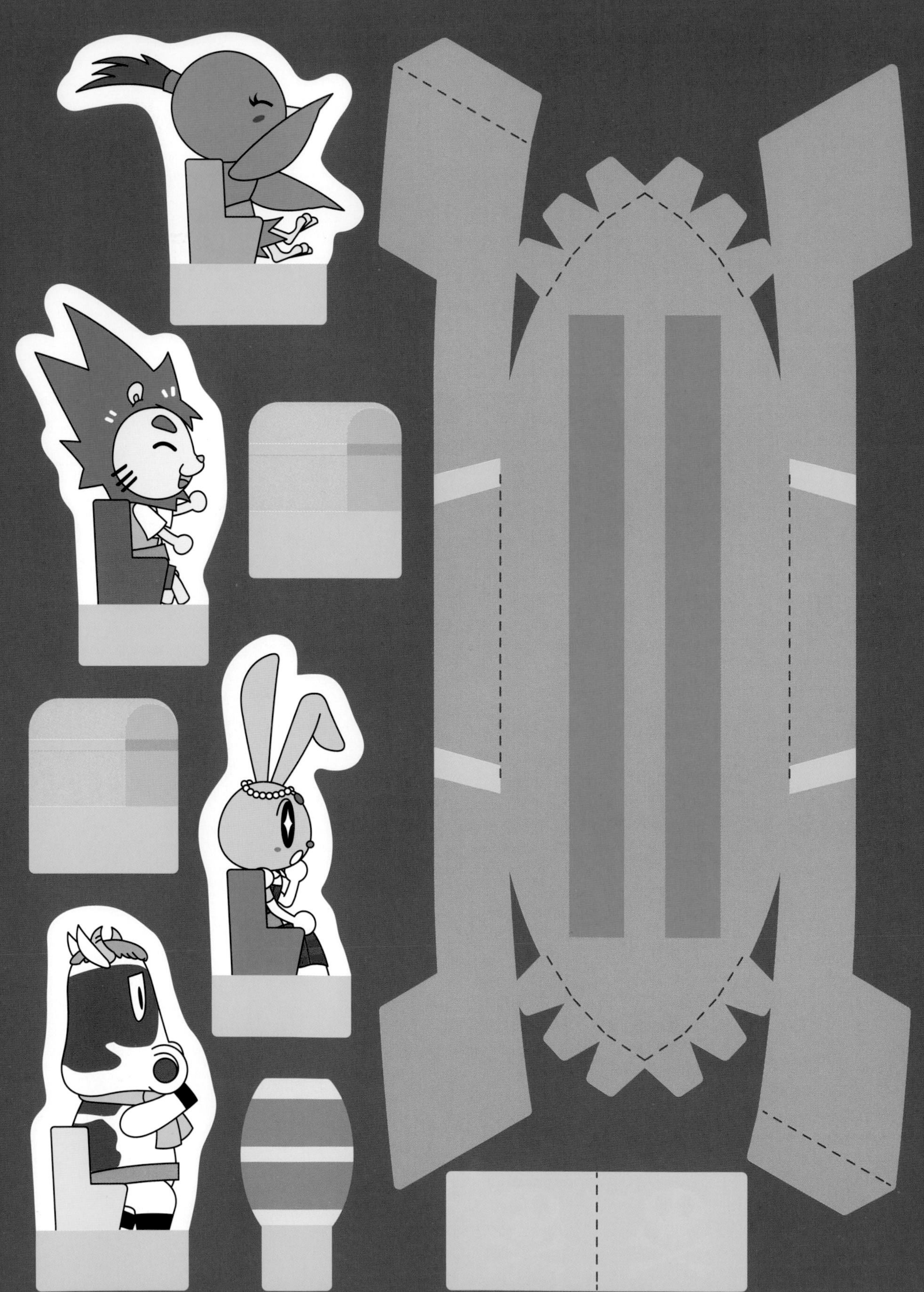

頓牛和愛因獅子想拍一齣太空科幻微電影，片中有幾艘球狀太空船，可是有些特技卻無法處理……

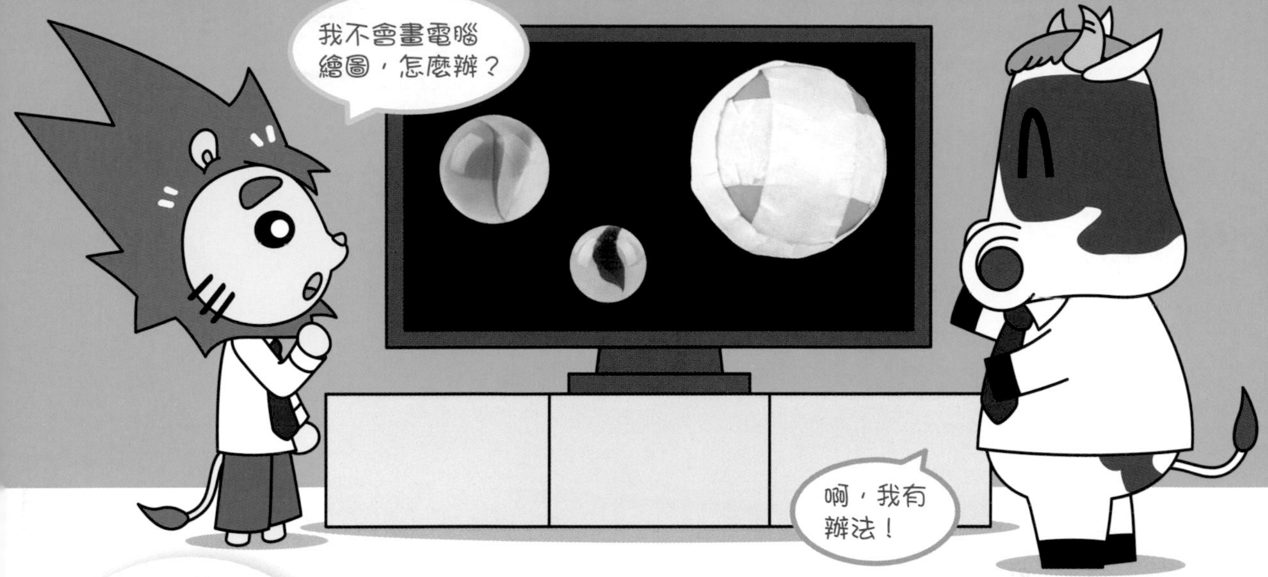

嘟一嘟在正文社 YouTube 頻道搜索「#212 科學實驗室」觀看過程！

幻影球特技

風力自行珠

萬試萬靈自旋球

風力自行珠

⚠請在家長陪同下小心使用刀具及尖銳物品。

材料：鐵線（長 30cm 以上）、波子、棉繩、紙
工具：剪刀、箱頭筆（或其他粗幼比波子略大的圓柱體）、打孔器

1 利用圓柱形物體，將一條鐵線屈成一個緊密的彈弓。

2 放一粒波子進彈弓內。

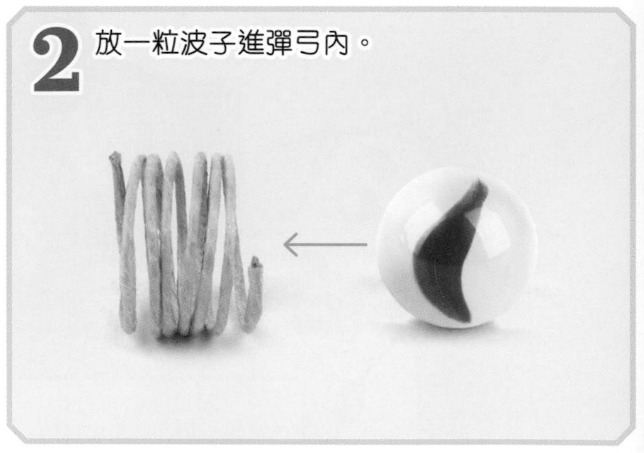

3 把彈弓拉開，令波子保持在彈弓中間。

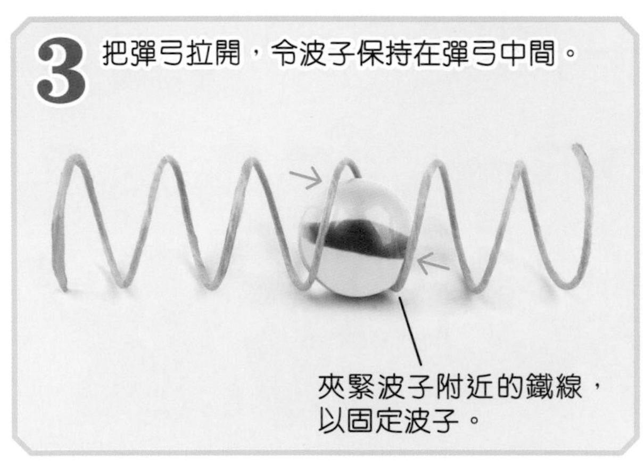

4 把螺旋頂端屈成鈎狀。

5 剪出一張 10cm × 20cm 的紙，用打孔器如圖所示位置打洞，並在上下兩洞分別穿繩及掛上彈弓。

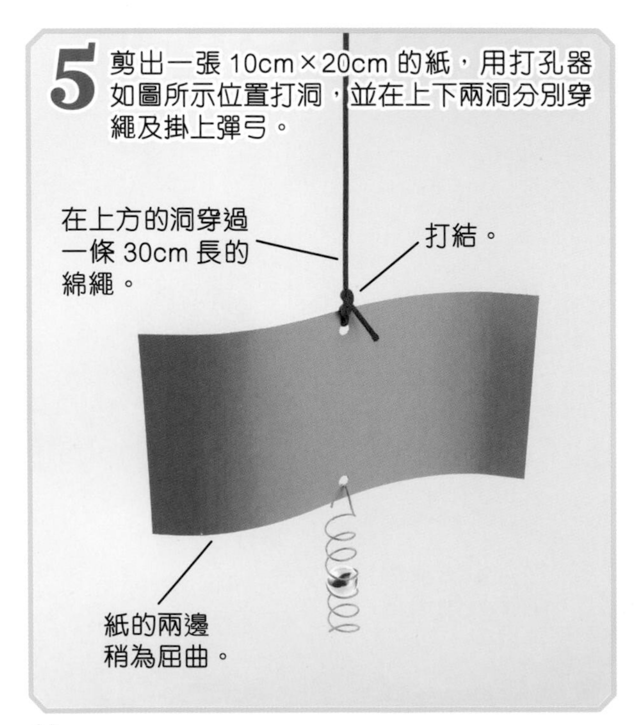

6 垂吊繩索，以人手或風力轉動，並觀察彈弓及波子的轉動情況。

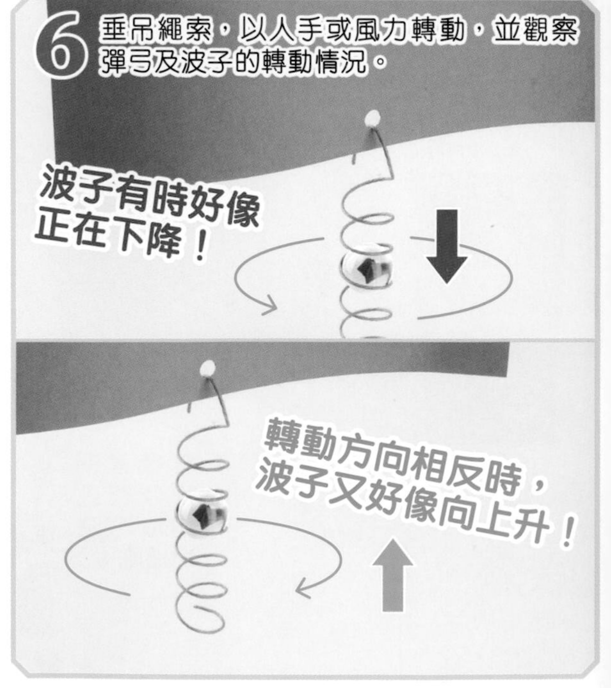

三色柱錯覺

在彈弓旋轉時緊盯着彈弓，就會覺得波子正在上下移動。如果緊盯着波子，則會覺得彈弓正在上下移動。不過，實際上兩者是一同自轉，看到其中一樣移動，只因三色柱錯覺所致。

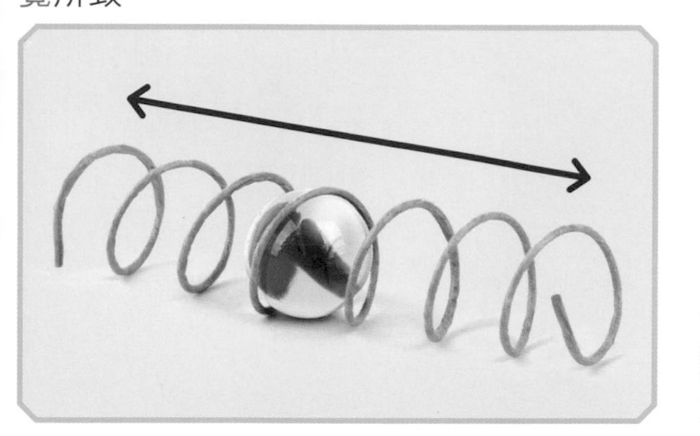

若將彈弓橫放，轉動時就會覺得波子向左右移動了！

人腦感知物體的運動方向時，會先形成一個固定的參考框架，然後才作判斷。不過，如果框架呈長條形，人腦就會先入為主，認為物體沿着長邊移動。以下圖為例：

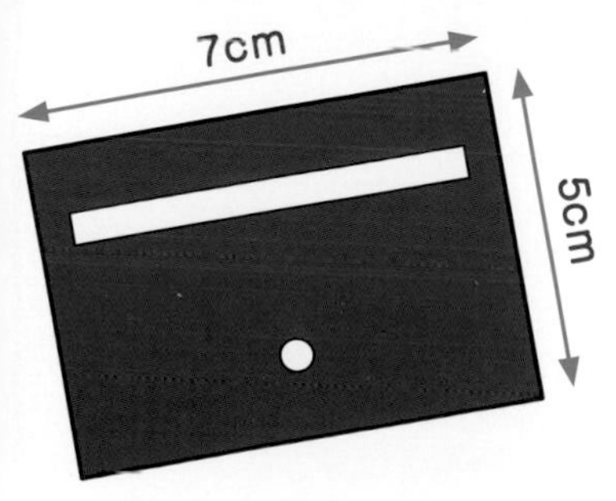

◀在黑色紙上分別剪出一個長方形及一個圓形的洞，再放在上方的斜紋上下移動。這時你會覺得從長方形洞中看到的斜紋在左右移動；但在圓洞中，此感覺卻不強烈。

就這樣把鐵線當成蟲洞內的螺旋吧！

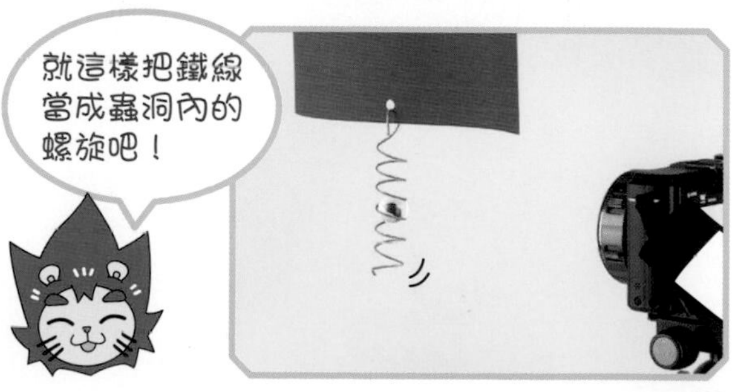

萬試萬靈自旋球

⚠請在家長陪同下小心使用刀具及尖銳物品。

材料：30cm 間尺 ×2、廁紙筒、皺紋膠紙、雙面膠紙、砂紙、乒乓球

工具：剪刀

1 如圖用膠紙將兩把膠間尺固定在廁紙筒上。

6cm

2 在兩把間尺貼上皺紋膠紙或砂紙。

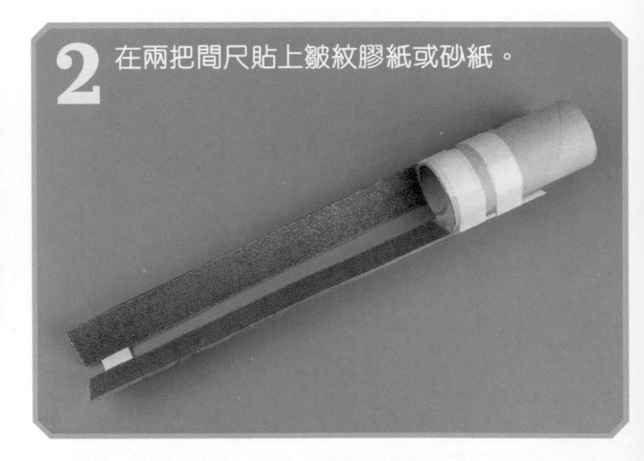

3 如圖按下一個凹位，就完成投球器。

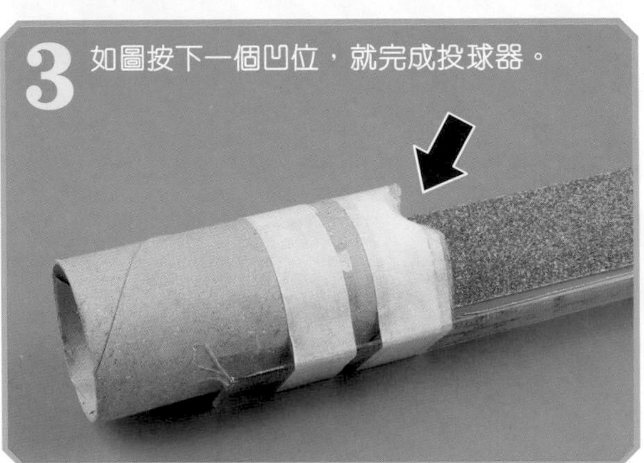

4 在乒乓球的表面圍上皺紋膠紙。然後找一處空曠的地方，將乒乓球放上投球器。

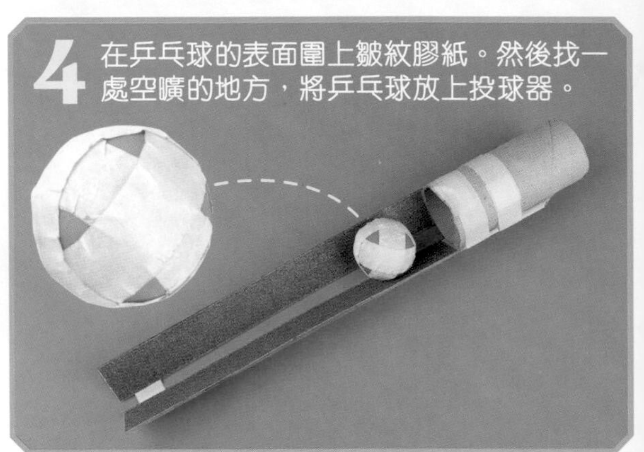

5 揮動投球器以擲出乒乓球。

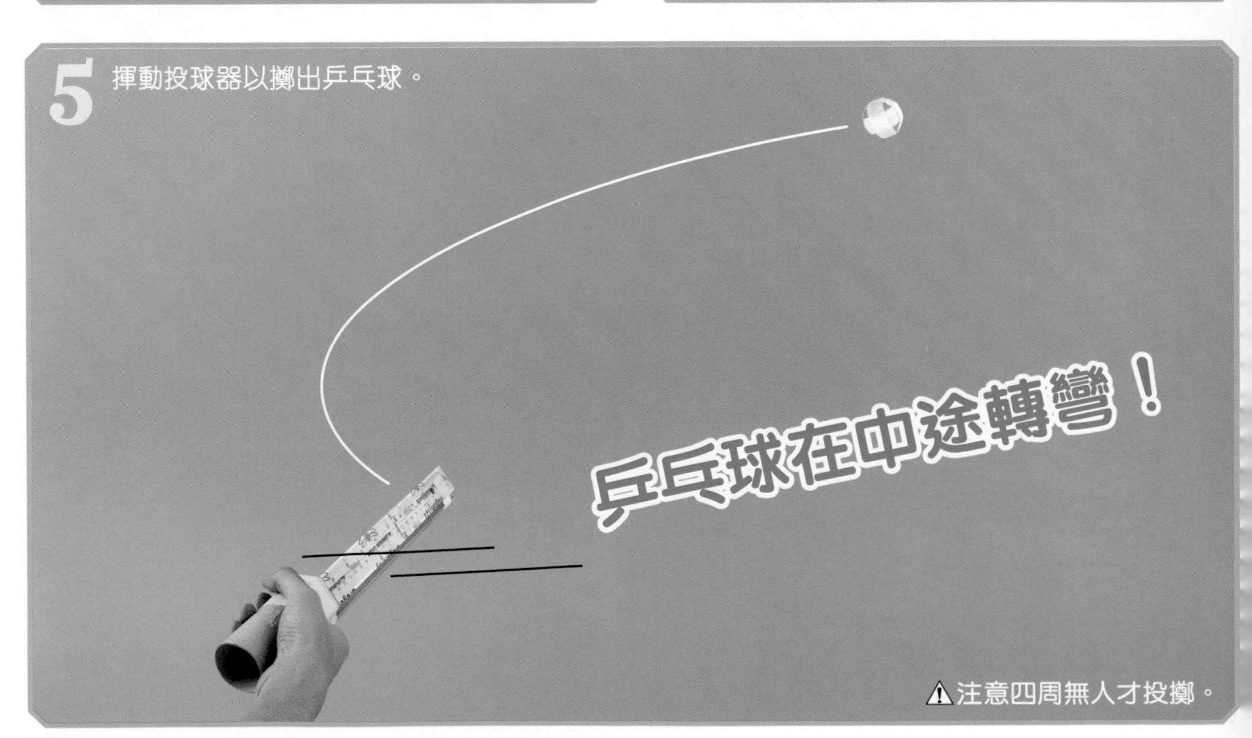

⚠注意四周無人才投擲。

乒乓球為何會轉彎？

如果乒乓球在擲出時，同時正在自轉，那麼，除了重力，球還會受到馬格納斯效應影響。

飛得又快又旋，這樣該可以了吧。

1 揮動投球器時，乒乓球跟間尺製成的軌道互相摩擦。若從上而下俯視，可看到乒乓球順時針自轉。

2 乒乓球起飛時仍保持順時針自轉。

3 由於乒乓球向前飛，對球自身而言，就好像有氣流向它迎面吹來。

右邊球面的自轉方向跟氣流方向一致，氣流不大會被球面阻礙，因此流動得比左邊快。

左邊球面的自轉方向跟氣流方向相反，結果球面摩擦空氣的力較大，令氣流變慢。

根據伯努利定律，氣流愈快，所產生的氣壓就愈低。因此，乒乓球左邊的氣壓高於右邊。

4 當氣壓有差異時，就會出現一股氣壓梯度力，此力由高壓區指向低壓區。

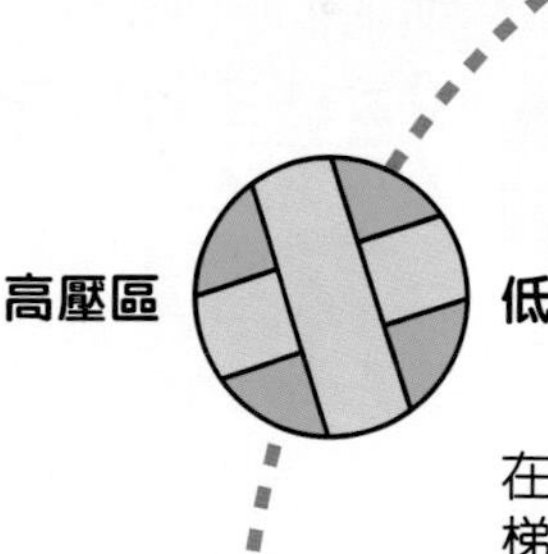

在今次實驗中，氣壓梯度力指向右邊，於是令乒乓球轉右。

曹博士信箱 Dr.Tso

香港中文大學
生物及化學系客席教授
曹宏威博士

Q1 為甚麼螞蟻可以爬牆而不掉下來？

譚皓銘

螞蟻主要有三大本領，令牠們可「飛簷走壁」。首先牠們的腳末端有鈎狀的爪，可用來鈎住粗糙表面的一些凹陷處，像攀石般爬行。

第二，螞蟻會利用吸盤爬牆，不過這吸盤並非靠真空吸附，也不是靠膠黏類的代謝分泌物去黏住牆壁爬行，而是利用液體產生的微細界面張力，將自己的腳「吸附」在牆的表面。這種方法就算是在光滑的表面也能派上用場！這界面「吸附」作用所產生的力很微細，不過，螞蟻的重量這麼細小，即使界面張力微不足道，以此「飛簷走壁」也遊刃有餘！

第三，螞蟻有很多「腳毛」，在攀爬時可壓在牆面上，接觸到凹凸間的隙縫，產生可承托自身體重的支撐力，令螞蟻不致於從牆壁表面滑落。

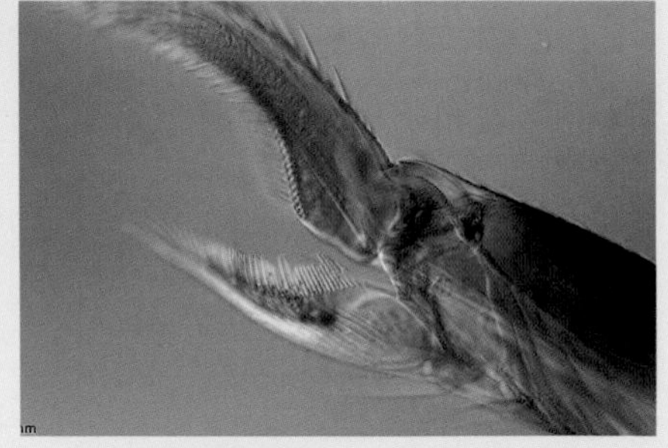

▲ 600 倍顯微鏡下的螞蟻腳部末端。

Q2 為甚麼水的溫度到達沸點時，仍然有液體分子未逃走？

張展朗

發問者是否期待着水沸了便「一下子」蒸發消失呢？若是，最簡單的答案就是：排隊出閘都有先後嘛！

我們要瞭解這壺中之水，不是只有單一個水分子，視乎其質量，它可有千千萬萬個水分子（1 毫升的水就有大約 33,400,000,000,000,000,000,000 個水分子！）。在液態中，這些分子各自根據本身所處的溫度和壓力，有着不同的動能。淺白點説：到了沸點，就表示這堆水分子的平均動能，正介乎把彼此的間距由「液態距離」，撐開到「氣態距離」之間。這瞬間，在水面邊界的那片水分子早着先機，馬上騰飛蒸發。

此外，在熱源接觸的壺底，大量水分子都受熱激發而搶着氣化！結果，壺底便不斷冒出氣泡，這不就是「水滾」了嗎？所以，排頭隊的不一定只是水面的水分子，那些「後發先至」、從壺底衝上來的水分子還是有機會的。如果要打碎那些從壺底冒升的大水泡，加幾粒「沸瓦片（Boiling chips）」入水中便可以了。

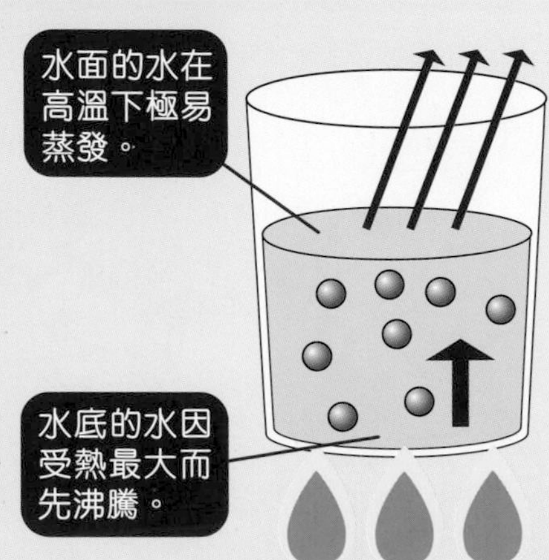

有人會錯用微波爐把水加熱。若溫度和時間失控，由於微波熱源均勻分佈，大量水分子都有足夠動能，只是暫時未氣化，好像擠逼着去趕搶閘般。若杯子稍有震盪，整杯水便會猛烈冒泡，高溫水便很易濺及臉或身體肌膚，十分危險。

為鼓勵讀者多思考多發問，編輯部將向被選中刊登問題的讀者寄出紀念品一份！

華生 曾是軍醫，樂於助人，是福爾摩斯查案的最佳拍檔。

上回提要：

福爾摩斯和華生在一列火車的頭等卡內遇上命案，一對年老夫婦於2號房內被槍殺，房中還有一名被嚇得面無人色的女子布斯。經調查後得悉，同卡的3號和4號房是空房；1號房的乘客是四名男子；6號房則有母女三人。奇怪的是，兇案現場的2號房被卡住了趟門，只留下1吋的縫隙。無獨有偶，隔壁1號房的趟門也同樣被卡住不能打開。同車的孖寶幹探趕到，與福爾摩斯一起對頭等卡上的乘客逐一問話。當中，1號房的乘客猩蒙斯引起了福爾摩斯的懷疑，認為他可能協助兇手逃走。為了找出實質證據支持此一推論，眾人下車在等頭卡的外圍搜查。終於，福爾摩斯在3號房的門把上發現了一截看似用來綁東西的琴弦……

「綁東西？」華生茫然，「綁甚麼東西？」

「一頭綁着3號房的**門把**，另一頭則綁着**緩衝處**上的扶手，以便逃走！」福爾摩斯指向頭等卡與三等卡之間的緩衝處説。

「甚麼？你的意思是指兇手以琴弦當作扶手，從3號房外走到緩衝處躲起來嗎？」狐格森**不以為然**，「可是，一根這麼幼的琴弦又怎可能支撐兇手的體重啊？」

「對，絕不可能！」李大猩也罕有地支持搭檔的質疑，「就算火車在靜止的狀態下，兇手也很難把它當作扶手，何況火車是在高速行駛中呢。」

「嘿嘿嘿，你們説的都有道理。」福爾摩斯狡黠地一笑，「不過，兇手只要**略施小計**，就能借助它攀到緩衝處躲起來了。」

「略施小計？即是甚麼？」華生問。

「很簡單，那就是——」

「福爾摩斯先生！福爾摩斯先生！」就在這時，一個熟悉的叫聲響起，打斷了大偵探的說話。

眾人往聲音來處看去，只見胖車掌**氣喘吁吁**地跑了過來，說：「我……我已叫……前面車站的同事……報了警，相信鎮上的警察很快就會來了。」

「你來得剛剛好，我正有事想問你。」

「問我……？甚麼事？」

「你不是說過，**4號房**一直空着，但3號房有**兩個乘客**中途下了車嗎？」

「是呀。」胖車掌說，「但嚴格來說，4號房不是空着，只是買了票去格拉斯哥的**四個乘客**全都沒有上車罷了。」

「啊？竟有這樣的事？」華生訝異。

「唔……」福爾摩斯低吟，「看來，購買了4號房車票的人只是為了確保那個房空着以作備用。」

「備用？甚麼意思？」胖車掌**不明所以**。

「這個待會再說。」福爾摩斯繼續問道，「你記得3號房那兩個乘客的模樣嗎？」

「記得呀，我還認識其中一個呢。」

「太好了。他是甚麼人？」

「他是**希爾醫生**，半年前曾在車上搶救過一位中風的老人，我們因此認識。還有，他每逢周二都在尤斯頓乘同一班車，去克魯的老人院義診，是個好好先生。」

「那麼，他是在**克魯站**下車吧？」

「是，我還看到他和同房的中年男士一起下車。」

「是嗎？」福爾摩斯眼底閃過一下疑惑，「難道他是希爾醫生的朋友？」

「這個嘛……」胖車掌搔搔頭，「我不太清楚啊。」

「那麼，那位男士的裝束如何，手上有沒有拿着甚麼東西？」

「他身穿灰色的**短夾克**，手上好像……」胖車掌又搔搔頭，「好像沒拿着甚麼東西。」

「沒拿着東西嗎？」福爾摩斯眉頭一皺。

「呀，對了！」胖車掌想起來了，「他手上沒拿着東西，但肩上掛着一個**單肩包**。」

「單肩包……？」福爾摩斯沉吟。

「怎麼了？有可疑嗎？」李大猩緊張地問，「但他們兩人都在中途下了車呀，又怎會與兇案有關？」

「對，除非他們**假裝下車**，然後又偷偷地回到車上吧。」狐格森說。

「你正好說出了我心中所想呢。」福爾摩斯說，「不過，那位醫生應該是**清白**的。他逢星期二都乘同一班火車去克魯義診，車掌又認得他，要犯案的話也會挑另一班車吧。」

「那麼，你懷疑的是那個掛着單肩包的男士？」華生問。

「沒錯，但必須證明他沒有在克魯站下車。」

「這個很簡單啊。」胖車掌插嘴道，「只要去克魯站數一數**回收的車票**就行，如少了他那一張，就證明他沒有真的下車。」

「是的，但也要去找那位希爾醫生查問一下，看看那人是否他的朋友。而且，必須儘快行動，以免**夜長夢多**。」

「那些頭等卡的乘客怎辦？要把他們留下來嗎？」華生問。

「不。」福爾摩斯搖搖頭，「待本地警方為他們落口供後，就全部放行吧。」

「甚麼？不用扣留那個**猩蒙斯**嗎？」李大猩訝異。

「為免打草驚蛇把兇手嚇跑，先放走他吧。不過，必須暗中調查其底細，看看他與死者盧埃林夫婦之間有沒有甚麼糾葛。」福爾摩斯一頓，想了想再說，「與此同時，也要搞清楚死者夫婦那兩張音樂會的門票是如何中獎的，和調查一下他們在私生活和工作上有否與人結怨。」

「私生活上有否與人結怨很難說，但在工作上不會得罪人吧？」狐格森說，「要知道，盧埃林先生是福利局的高官，那是造福人羣的職位，又怎會因結怨而招致殺身之禍呢？」

「誰知道呢？真相往往隱藏在意想不到的地方，反正要調查，就查得全面一點吧。而且，這起兇案非常冷血，估計兇手與死者夫婦有血海深仇，只要查清夫婦倆的背景，或許會找出真相。」

「唉……」胖車掌深深地歎了一口氣，「冷血事件接連發生，看來這個里奇鎮真的是一塊不祥之地呢。」

「不祥之地？甚麼意思？」福爾摩斯眼底寒光一閃。

「你不知道嗎？請過來看看。」胖車掌領着眾人走上月台，指着前方數十碼外的建築物說，「月前在那兒修建貨倉時，在工地裏挖出了幾十副小童的骸骨，真令人傷心啊。」

「竟有這樣的事？」華生大吃一驚。

「你這麼一說，我記起來了。」福爾摩斯說，「《倫敦時報》也報道過這宗駭人聽聞的新聞，據說那些來歷不明的骸骨已埋了幾十年，相信很難找出死者們的身世了。」

「哎呀，這不是討論甚麼骸骨的時候啊！」李大猩不耐煩地說，「查明眼前的夫婦被殺案要緊，我們馬上分頭行動吧。」

在沒有異議下，四人分道揚鑣，狐格森隻身趕回倫敦調查猩蒙斯和死者夫婦的背景。福爾摩斯、華生和李大猩則去到克魯站，先找到站長檢查了一下車票的情況。果不其然，在回收的車票之中，並沒有3號房那個**可疑乘客**的車票，就是說，他其實沒有下車！

三人又驚又喜，連忙趕去找胖車掌說的那位**希爾醫生**。

「啊……！」希爾醫生聽到自己乘搭的那班火車發生命案後，**驚訝不已**地說，「竟然有那樣的事？實在太可怕了。」

「是的，這是一起可怕的謀殺案。」福爾摩斯順勢試探地問，「對了，希爾醫生，你在哪一個站上車？又在哪一個站下車呢？」

「我在**尤斯頓**上車，在**克魯**下車。」希爾毫不含糊地答道。

「那麼，你上車後坐哪一卡？廂房中有其他乘客嗎？有的話，其裝束如何？」

「我坐頭等卡3號房靠窗邊的座位，當時已有一個男人坐在廂房裏。他自稱**懷特***，穿着一件灰色的**短夾克**。」

福爾摩斯看了看華生和李大猩，暗示希爾的證詞與車掌的非常吻合。

「對了，我還記得他好像帶着一個皮包。」希爾想了想，又糾正自己的說法，「不，應該是一個單肩包。」

「希爾醫生，你非常觀察入微呢。」福爾摩斯讚道。

「這是職業病，習慣了觀察病人嘛。」希爾笑道，「我估計他大概40歲，長着一頭金髮，還蓄着濃密的鬍子。對了，他那對**炯炯有神**的藍眼睛最令人難忘，因為在面頰上方**兩塊黃色皮膚**的襯托下，格外顯眼。」

「那麼，你知道那位懷特先生在哪個車站下車嗎？」

「知道呀。他也在克魯站下車，還說**人生路不熟**，問我哪一家旅館既便宜又好住呢。」

「啊！這麼說的話，他真的在克魯站下車了？」李大猩緊張地

*懷特的英文寫法是White。

問。

「是呀。」希爾點點頭說，「我推薦車站附近的**皇冠酒店**給他，還說反正順路，可以帶他過去。不過，他卻婉拒了。」

「他**婉拒**了？為甚麼？」福爾摩斯追問。

「他說要去**行李卡**取行李，還未出閘就跟我道別了。」

聞言，福爾摩斯向華生和李大猩遞了個眼色。不用說，兩人心中都知道，這是個重大線索——**那個自稱懷特的男人雖然在克魯站下了車，但他可能並沒有出閘！**

謝過希爾醫生後，福爾摩斯三人趕去**皇冠酒店**調查了一下，不出所料，昨夜並沒有一個名叫懷特的客人留宿。

「豈有此理，那傢伙太可疑了，一定是兇手！」李大猩惱怒地說。

「是的，看來4號房的車票也是他買的，為的是確保那房間空着。」福爾摩斯分析道，「因為，萬一3號房除了希爾醫生外，還有其他乘客的話，他就只能**退而求其次**，選用4號房來逃走了。」

「原來如此。」華生恍然大悟，「那麼，那一小截**琴弦**有甚麼用？你還沒解釋啊。」

「是嗎？我還沒說嗎？」福爾摩斯掏出煙斗，使勁地抽了兩口後，道出了他的推論。

琴弦只是一個工具，目的是將一根繩子把3號房的門把與緩衝處連結起來。方法很簡單，兇手事

先將一根琴弦的頭尾打結，結成一個大線圈，連同一根長度相約的繩子放在單肩包裏。

在克魯站下車後，他把大線圈的一端套在門把上，另一端則套在緩衝處的扶手上。由於琴弦很幼，顏色又與車身相像，遠看很難察覺。然後，他偷偷返回3號房躲起來。

當火車開出後，黑夜來臨，他就從單肩包中取出繩子，緊握繩子的一頭，再把繩的另一頭綁在琴弦上。接着，他拉動琴弦，讓琴弦把繩子牽送到緩衝處的扶手上繞個圈，再把它拉回來，並把它的兩頭綁在3號房的門把上。

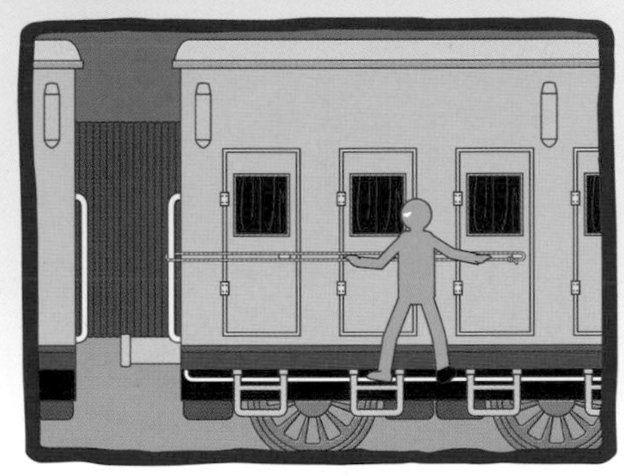

就是這樣，一根連接緩衝處扶手與3號房門把的逃命索成形了。他殺人後，就算火車高速行駛，只要一邊抓着逃命索，一邊踏在車卡下的腳踏上，也能從3號房走到緩衝處躲起來了。

「不用說，這個兇手就是懷特。他沒帶行李，只帶了個單肩包，就是為了方便利用逃命索逃走。」福爾摩斯總結道，「不過，卻**百密一疏**，在逃走時竟拉斷了琴弦，讓它的一小截卡在門把上，露出了馬腳。」

「這個馬腳雖然令他的身份暴露了，但我們不知道他是誰，要抓他並不容易呢。」華生說。

「這個嘛，就要看狐格森在倫敦調查到甚麼了。」福爾摩斯說，「我們快趕回**里奇鎮**等他吧。」

「哼！他一定**空手而回**，甚麼也查不到啦。」李大猩以不屑一顧的語氣說。

然而，出乎意料之外的是，狐格森不但沒有**空手而回**，還查獲

了非常重要的情報，在黃昏時興沖沖地趕到早已約好的一家餐廳。

「我調查過了，原來盧埃林夫婦在年輕時任職於**克魯市的福利局**，專門負責與**孤兒**有關的工作，例如**審批撥款**。」狐格森一見到福爾摩斯三人，就一屁股坐下來說，「月前在貨倉的工地挖出數十具被**草蓆**包裹的兒童骸骨後，盧埃林先生還因此被召去了問話呢。」

「被召去問話？為甚麼？」李大猩放下手上的茶杯問。

「因為，挖出骸骨的工地，其實是一家**孤兒院的原址**。」

「甚麼？」福爾摩斯三人不禁駭然。

「後來，20年前發生了一場大火，孤兒院被燒成灰燼，那兒就荒廢了。要不是最近修建貨倉，還沒有人知道那兒埋了那麼多兒童的屍體呢。」狐格森挪一挪屁股，坐直身子說，「由於那家孤兒院當年是屬於**克魯市的福利局**管轄的，早已升遷為倫敦福利官的盧埃林就被召去問話了。不過，據他說當年很多孤兒被收容時已**營養不良**，又大都體弱多病，病死的也不少，因此就埋葬在那裏吧。」

「但只是以草蓆包裹就草草埋葬，連棺木也沒一副，似乎對病死的孤兒也太過不尊重吧？」華生憤慨地說。

「是啊，但孤兒**無親無故**，加上年代久遠，也沒有甚麼人去追究，案子看來會不了了之。」

「有關盧埃林夫婦中獎的事呢？你查過了沒有？」福爾摩斯打岔問道。

「查過了，據她的女傭人說確有此事。不過，我去舉辦抽獎的機構問了一下，奇怪的是，**中獎名單**上並沒有盧埃林的名字。」

「啊！」聞言，李大猩興奮得**口沫橫飛**，「果然如我所料，中獎是兇手安排的，為的是誘盧埃林夫婦登上火車，然後送他們上黃泉路！」

「甚麼？如你所料？」華生斜眼看了看李大猩，「這好像是福爾摩斯說的啊。」

「哈哈哈，是嗎？」李大猩**裝傻扮懵**地說，「哎呀，誰說都一樣啦，最重要是找到線索呀。」

「唔……」福爾摩斯皺起眉頭說，「問題是，殺人的方法很多，兇手為何要安排在**那一班火車**上行兇呢？火車……火車的作用是甚麼呢？」

「作用？火車是交通工具，當然是載人去不同的地方啦。」華生說。

「對……是載人去**不同地方**……那麼……」福爾摩斯沉吟，突然，他眼前一亮，「地點！兇手在火車上殺人，不是為了火車，而是為了地點，他是要選擇在特定的**地點**上殺人！」

「特定的地點？你指的是？」華生問。

「**孤兒院的原址！**」

「甚麼？那不會是……？」李大猩赫然一驚。他雖然笨，但已馬上明白福爾摩斯的意思了。

「對！兇手是為了**報仇**！」福爾摩斯眼底閃過一下寒光，「他選擇在距離孤兒院原址只有數十碼的路段行兇，是要以盧埃林夫婦的死，來**弔祭**那數十個孤兒的亡魂！」

「呀！」狐格森想起甚麼似的說，「這麼說來，我查過猩蒙斯的背景了，據說他也是孤兒出身，難道——」

「難道他是那些小亡魂的院友？」李大猩搶問。

「極有可能。」福爾摩斯**神色凝重**地說，「如果這個推論沒錯，那麼，兇手幼時也肯定在那家孤兒院度過。當他知道在那兒挖出

幾十具兒童的骸骨後，就決意為亡魂們報仇了！」

「啊……」華生的脊骨閃過一下**戰慄**，彷彿感受到兇手對盧埃林夫婦的痛恨。

四人認定盧埃林夫婦之死與孤兒院原址那幾十具兒童骸骨有關之後，就循此方向調查，去到了里奇鎮的一所**小教堂**。

「工人挖到這些骸骨後，警方為了讓亡魂安息，就把骸骨送到我們這裏來了。」一位個子矮小的**牧師**領着福爾摩斯四人，走進存放骸骨的石室，「裹着他們的**草蓆**大多已腐爛了，幸好有一位**善長**捐出數十副棺木，我們才能把骸骨好好安放。」

華生跟着牧師踏進石室，當那一排排**細小的棺木**映入眼簾時，他不禁心裏一酸，強忍着眼淚別過頭去不敢正視。

「太可憐了……」狐格森也搖頭歎息，「年紀這麼小，就丟了性命。」

「太可惡了！」李大猩**義憤填膺**，「孤兒院不是該好好地照顧孤兒的地方嗎？怎可以讓這麼多孤兒死得**不明不白**！」

福爾摩斯雖然已眼泛淚光，但仍冷靜地向牧師問道：「請問捐贈棺木的善長認識這些孤兒嗎？」

「我不知道他認不認識這些孤兒，只是……」牧師一頓，深受感動似的說，「只是……他看到那些骸骨後非常激動。令我更感意外的是，當他在一副骸骨旁看到一隻殘舊不堪的**小皮靴**時，更抱着它痛哭了好一會，那個情景實在**令人動容**。」

「啊？竟有此事？」福爾摩斯連忙問，「那隻小皮靴還在嗎？」

「還在呀。」說着，牧師走到一副棺木旁，從中取出了那隻小皮靴。

福爾摩斯接過一看，訝異地說：「這皮靴真特別，鞋孔上竟穿着一根**小鐵絲**。」

華生三人湊過去看，果然，一根小鐵絲就像鞋帶一樣，穿在兩個鞋孔上。

「抱着它痛哭嗎……？」福爾摩斯盯着小鐵絲沉吟，「那位善長一定是**睹物思人**，從這隻皮靴想起了它的主人了。」

「是的。」華生說，「穿着鐵絲的皮靴太特別了，就算過了二三十年，也必定能一眼認出來。」

福爾摩斯想了想，向牧師說：「請問那位善長是鎮上的人嗎？」

「不，他是特意從倫敦來的，是個**小提琴家**。」

「甚麼？」聞言，福爾摩斯等人不約而同地嚇了一跳。不用說，他們在同一剎那，已想起那根綁在火車把手上的**琴弦**！

牧師以為四人聽不明白，再解釋道：「我常看小提琴演奏，一眼就把他認出來了。他就是著名的小提琴家**休伯特·布萊克***先生。」

「**啊**……！」福爾摩斯聽到這個名字，已完全呆住了。他這次的行程，正是要去格拉斯哥出席布萊克的演奏會。而死者盧埃林夫婦要去的，也是這個**演奏會**！

福爾摩斯掏出懷錶看了看，說：「休伯特·布萊克的演奏會今晚8點在格拉斯哥的城市大劇院舉行，我們馬上乘下一班快車趕去吧！」

「你懷疑他就是兇手？」華生問。

「現在還不敢說，但希爾醫生說過，與他同房的那個懷特先生年約40歲，蓄着濃密的鬍子，長着一頭金髮，在面頰上方**兩塊黃色皮膚**的襯托下，那對炯炯有神的藍眼睛格外顯眼。」福爾摩斯說，「我年前看過布萊克的演奏，除了沒蓄着濃密的鬍子外，他的外觀與希爾醫生描述的幾乎**一模一樣**。」

「那麼，鬍子可能是假的，而懷特一定是**化名**。」李大猩說。

「對。」福爾摩斯眼底閃過一下寒光，「不過，這個化名正好暴

*休伯特·布萊克的英文寫法是Hubert Black。

露了他的真正身份。」

「甚麼意思？」華生問。

「布萊克（Black）即是『黑』，而懷特（White）即是『白』，他只是把『黑』改作『白』而已。」

「啊！」三人恍然大悟。

「人的思維就是這麼有趣，明明是要作假，但也總會留下一星半點真的蛛絲馬跡。」福爾摩斯説。

四人趕到格拉斯哥城市大劇院時，演奏會已接近尾聲。他們表明身份後，悄悄地走進了演奏廳內。

「最後一首樂曲，是獻給我的故友，希望他們在天堂**安息**吧。」布萊克站在舞台的正中央，以平靜的口吻向觀眾説。

接着，他轉過頭去，向身後不遠處的鋼琴手點點頭。然後，他把小提琴放到肩上，深深地吸了一口氣後，再把琴弓輕輕地放到琴弦上。

鋼琴手緩緩地按下了琴鍵，奏出了**明淨如鏡**的琴音。在鋼琴的旋律帶動下，布萊克輕輕地拉動琴弓，一陣哀傷的樂曲悠然地升起，令本來已**鴉雀無聲**的音樂廳，忽然變得**萬籟俱寂**，只餘那婉轉悠揚的弦音在空氣中靜靜地飄盪。

「啊……那不是**莫扎特的安魂曲**嗎？」華生心中感到一下悸動。他聽着聽着，不知怎的，從那悦耳的音符中，聽到了恐懼、悲傷、無助和哀怨的控訴。他的腦海中，更浮現出在小教堂裏靜靜地躺着的那幾十副**小棺木**。

舞台上的布萊克不斷地拉呀拉，在華生看來，他拉動的已不是一把琴弓，而是他自己的**靈魂**！

他報仇成功了，但音符中並無流露出半點喜悅，有的只是尋求救贖的哀傷。

華生不期然地偷偷看了看福爾摩斯、李大猩和狐格森，發現他們都**神情肅穆**地看着舞台中的布萊克，看來，他們的心中也有着相同的感受吧。

就在一曲將盡之際，布萊克溫柔地一拉，拉出了最後一段**如泣如訴**的哀吟後，琴音戛然而止，只留下一絲絲餘韻仍在空中蕩漾。在靜默中沉醉了片刻後，全場觀眾恍如**驀然驚醒**似的，掌聲轟然響起，震動了整個演奏廳。

待布萊克謝幕退場後，福爾摩斯四人去到了後台。李大猩掏出手銬表明身份，布萊克初時有點驚訝，但很快就順從地伸出了雙手。

他**毫無保留**地道出了一切，說他曾是那一家孤兒院的**孤兒**，因偷吃院長的曲奇餅被關進柴房中，在逃脫後得一富裕人家收養，並在悉心栽培下成為了小提琴家。

「月前，我閱報得悉在孤兒院舊址附近的工地上，挖出了幾十副被**草蓆**包着的兒童骸骨，我馬上想起偷曲奇餅那一晚的情景……」布萊克在審訊室中沉痛地憶述，「當時，我躲在桌下，偷聽到院長與一個男人在商量**撥款回扣**的事情。我很清楚記得，那個男人名叫**盧埃林**，他說要增加收入和減少支出，只須收容多一些孤兒，並減少一些草蓆就行。當時我聽不明白，但看到報道中提及『**草蓆**』時，我甚麼都明白了。」

「啊！」福爾摩斯也馬上明白了，「盧埃林口中的『**草蓆**』其實是**暗語**，指的是孤兒。他們為了減少支出，就……」說到這裏，福爾摩斯也沒法再說下去了。

「對，就冷血地**痛下殺手**。」布萊克兩眼發出痛恨的光芒，「當時有些孤兒病了，院方說送他們去醫院，但往往一去不回。有些太頑劣的，被毒打一頓後也會被帶走，亦從此**人間蒸發**。那些骸骨中有一個是我的好友**小麥**，我認得那隻穿了鐵絲的小皮靴。」

「所以，你就贈送演奏會門票和火車票，誘使盧埃林夫婦墮進你的復仇陷阱？」福爾摩斯問。

「是的，他仍在**福利局**工作，我很輕易就找到了他，並對他進行了深入調查。」布萊克冷冷地一笑，「嘿嘿嘿，真是**造物弄人**啊！沒想到他竟是個音樂迷，而我卻是個小提琴家。我心想，這不是上天的刻意安排嗎？於是，我就想出以演奏會門票誘他們夫婦倆入局的方法了。」

「可是，你為何不惜冒險暴露身份，以**琴弦**作為逃走工具呢？」福爾摩斯問。

「我本來是想用**魚絲**的，但一個不釣魚的人去買魚絲不是更惹人懷疑嗎？」布萊克苦笑，「於是，我就順手把家中的琴弦拿來用了。但又怎會想到，在跳下火車時走得急，拉斷了一截也沒察覺啊。」

一個月後，華生從福爾摩斯口中得悉，布萊克死也不肯招認**猩蒙斯**是協助他逃走的**幫兇**。蘇格蘭場在證據不足下，只好放棄檢控猩蒙斯。但布萊克卻必須接受最嚴厲的懲罰，餘生都要在獄中度過。

福爾摩斯對法庭的判決沒有異議，但他那番**字字鏗鏘**的說話，卻一直縈繞在華生的腦海中，久久不散。

「年幼的孤兒最須要保護，身為福利官的盧埃林夫婦不僅沒有好好照顧他們，還為了私利肆意殘害，實在**天理不容**、**死有餘辜**！」

有沒有充電器啊？

我沒有啊，不如將這個貼在身上試試吧。

汗水也能發電？

說到水力發電，大家多會想到以水流動的力量推動的發電裝置，如巨型的水壩或水車，但其實蒸發也有同樣作用。今年七月，美國馬薩諸塞大學阿默斯特分校的研究人員發明一種微生物膜片，能利用皮膚上的汗水蒸發來發電，為可測量脈搏和呼吸的傳感裝置提供能量。

發電原理

1 研究人員先種植硫還原地杆菌（*Geobacter Sulfurreducens*）。這種菌的生物膜呈網狀結構，令電子能沿着微生物納米線移動，距離甚至可達細菌長度的數千倍。

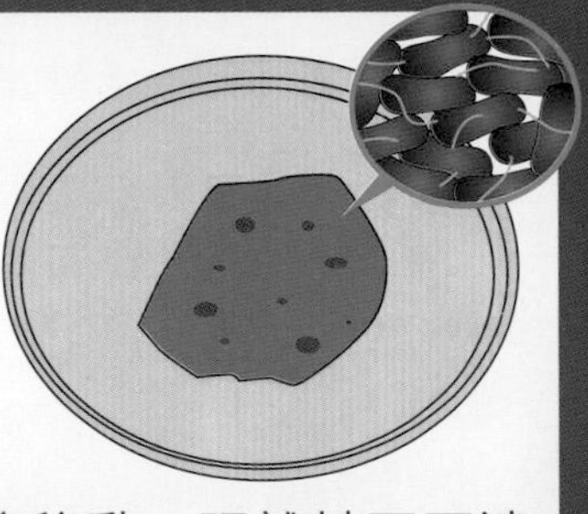

2 用激光在生物膜上刻上電路，並放置在兩塊電極之間，再密封在柔軟、透氣和具黏性的有機聚合物中，製成微生物膜片。

有機聚合物
電極
生物膜
電極
有機聚合物

3

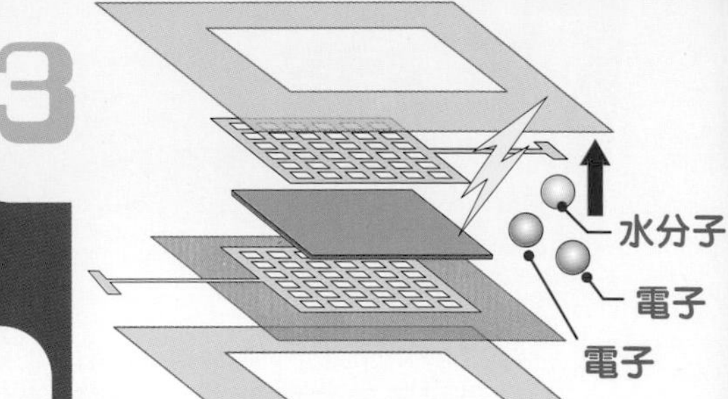

汗水蒸發時，水分穿過微生物膜片，驅動電子轉移，從而產生電流，這稱為「水伏效應」（hydrovoltaic effect）。

這項技術還在初步測試階段，應用範圍較小，但其構思也算推進了可再生能源發展呢！

微生物膜片小檔案

- 厚度：約 40 微米（約一張紙厚）
- 電壓輸出（浸沒在水中）：約 0.45 伏特
- 電流輸出（浸沒在水中）：約 1.5 微安
- 工作時長（供電予測量脈搏和呼吸的傳感裝置）：至少 18 小時

讀者天地

大家有用第 210 期的電子琴彈奏歌曲給家人聽嗎？

葉晞哲

當然是 10 分，終於有人懂得欣賞我的帥氣了！

徐康洋

*給編輯部的話

福爾摩斯為甚麼會有「大偵探7合1法寶」？他沒有錢交租，也應該付不起一年的兒童的科學吧！ 第二次寄信

這法寶是我查案的必備工具，而且看「兒科」能增進科學知識，當然先去訂閱，取得法寶。不然破不了案，哪有錢交租啊？

盧芯怡

謝謝你啊！媽媽說她很開心被你稱讚！旁邊那條是中華白海豚吧？

駱尚言

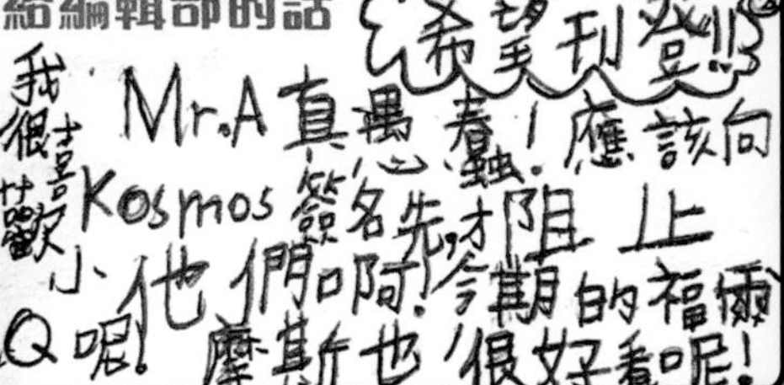

幸好這樣歌迷才不用買昂貴的演唱會門票呢！

電子信箱問卷

陳春婷

Mr.A 又做壞事！Mr.A 為甚麼不能好好做生意呢？

他就是貪心！整天想要賺快錢，不願踏實地做生意，大家千萬別像他這樣啊。

杜雅婷

做好的摩天輪很可愛和好玩！

謝謝支持！那你也喜歡今期的海盜船嗎？

其他意見

我的家裏也有一個鋼琴，但我家裏的鋼琴是真的，我和哥哥也十分喜歡鋼琴，現在我和哥哥不會再爭玩鋼琴 🎹 **林熙瑜**

沒想到宇宙樂隊成員的真身居然跟在單張上的差別這麼大  **蔡金旭**

我很喜歡看數學偵緝室，我學到怎樣用求生法寶，希望未來有更多有關生活應用的主題。 **姚量雅**

清晨時分，陽光曦微。少年趁四周還未被炎熱的暑氣籠罩，與一隻黑色大狗領着十數隻羊，來到平常**放牧**的草地，讓牠們自行吃草。之後，黑狗就安靜地坐在附近看守，而少年則展開其他**任務**。他四處走動，時而俯身掃視，時而蹲下，用小刀輕輕挖開泥土，觀察裏面的**一舉一動**。

「找到了！」他一躍而起，向不遠處的黑狗叫道，「法羅，看着羊兒！」

「汪！」

少年直奔附近的一幢**石屋**，喊道：「法布爾先生，我找到了！」

一個**老人**正從門口走出來，緩緩地問：「你找到了甚麼啊？」

少年沒答話，只一個勁兒拉着對方走回原處，指着地面興奮地說：「你看！」

只見泥地上有一隻黑色的「**甲蟲**」，在用後腿去推一顆比牠還要大的**球**。

「牠剛才從泥土裏走出來的。」少年道，「這就是你之前說過的**蜣螂**吧？」

「沒錯。」法布爾老人指着那顆泥黑色的球，「看，牠正在搬**食物**呢。」

「牠吃泥的嗎？」

「哈哈哈，那些不是泥，而是**糞便**。」法布爾笑道，「應該是你那些寶貝羊排出來的，再被這小傢伙推啊推的，最後滾成這樣一個圓球，這可是牠重要的糧食啊。」

「竟然**吃屎**？」少年露出**噁心**的表情。

「所以蜣螂又叫**糞金龜**。別小看這些小東西，牠們是世上最厲害的清道夫。」法布爾道，「在古埃及，牠們更是太陽神的象徵，故此又被稱為『**聖甲蟲**』。」

「嘩，這麼厲害？」

「接下來我們去看看牠還有甚麼有趣的習性吧！」法布爾轉身回去，「我去拿些工具過來。」

少年看着對方遠去的背影。他知道，這個叫**尚－亨利・卡西米爾・法布爾** (Jean-Henri Casimir Fabre) 的平凡老者，其實是個大名人，有許多人到訪向其請教昆蟲的事情。

在一般人眼中，那些昆蟲的外表恐怖古怪，但對法布爾而言，卻是無比有趣和珍貴。除了蜣螂，他還研究各種各樣的昆蟲，並以優美的文字將其習性記載下來，寫成史詩般的不朽巨著——《**昆蟲記**》。

他自小已表現出其喜愛大自然的一面，不只昆蟲，其他動植物都是其觀察探究的目標。

清貧生活

1823年，法布爾於法國小鎮聖萊昂*的一個**貧窮家庭**出生。由於家中人口眾多，為減輕負擔，他年幼時一度被送往祖母家居住。

那時小小的法布爾常到野外散步，探索各種花草、小動物和昆蟲，又會從樹上摘櫻桃來吃，過着**無憂無慮**的日子。有一次，他獨自在家附近的樹林閒逛，到天色逐漸昏暗才回家，途中卻聽到附近響起一陣奇特的聲音：「**唧……唧……**」

好奇之下，他循聲走到一叢金雀花灌木，打算仔細傾聽，這時聲音卻**戛然而止**。他失望不已，但並沒就此放棄，反而一連數天回到同樣的地方「**埋伏**」。直至他又聽到同樣的唧唧聲時，便在樹叢間細心找尋，終於發現一隻**蟈蟈**伏在葉子上。

*聖萊昂 (Saint-Léons)，位於法國南部。

法布爾見機不可失，就一手抓住眼前的碧綠昆蟲，**喃喃自語**：「原來唱歌的是你！」

到了7歲，他被父母接回聖萊昂，入讀村內的小學。其時他雖只能在簡陋的課室裏學習簡單的生字，上着有點**乏味**的課，但並不感到沉悶，反而被課本上的動物插圖深深吸引，看得**津津有味**。

後來，有人送了他一本由拉封丹所著的《寓言》*。書內主要以動物為故事角色，還印了許多如貓、烏鴉、狐狸、青蛙等的**插圖**。這令法布爾滿心歡喜，時常一邊翻閱書本，專心看着那些動物，一邊喃喃說出牠的名字。

「這是**青蛙**。」

「這是**兔子**。」

「噢，**狐狸**出來了。」

「那是**烏鴉**。」

雖然他看得非常愉快，只是書中寫的是甚麼內容，卻不太理會。

三年後，法布爾就跟隨家人搬到羅德茲*，並入讀當地的中學。其間他學習各種知識，尤其擅長將拉丁文及希臘文與法文互相**翻譯**，成績不俗。另外，他又閱讀了許多希臘神話故事，還有古羅馬詩人維吉爾*的作品，更對當中有關蜜蜂、山羊、斑鳩等生物的描述**情有獨鍾**。此外，課餘時他又會到**郊外**，欣賞美景之餘，亦了解花金龜、報春花、黃水仙等各種動植物的情況，看個不亦樂乎。

可惜，愉快的時光並不長久。由於家中無力支付學費，法布爾不得不**輟學**，生活也變得困苦，有時更**三餐不繼**。為了多掙一個麵包，他做過不同工作，例如每天**起早貪黑**到菜市場販賣檸檬，更會參與修築鐵路等艱苦工作。不過，他並不甘於只**為口奔馳**，閒暇時仍不斷**自學讀書**。

*尚・德・拉封丹 (Jean de La Fontaine，1621-1695年)，法國詩人，著有《寓言》(*Fables*) 12卷。
*羅德茲 (Rodez)，法國南部的市鎮。
*普布利烏斯・維吉利烏斯・馬羅 (Publius Vergilius Maro，公元前70-前19年)，通稱「維吉爾」，古羅馬詩人。

憑着堅韌的毅力，15歲的法布爾於1838年考獲獎學金，入讀亞維農*的師範學校。那裏主要教授文法、算術等科目，卻忽視**自然科學**，這有悖於法布爾對大自然的興趣。所以他常常在上課時，把一本書豎在桌子前方，然後躲在書本後面，偷偷研究甲蟲、胡蜂、金魚草、夾竹桃果實等，因而影響學業。

結果，他的成績**一落千丈**，更被校方評定為懶惰兼能力不足。他請求校方再次給予機會，並發憤讀書，終於成功挽回落後了的進度。升上三年級後，他學習**化學**，閱讀不少相關書籍。在一次實驗示範中，也見識到其**危險**……

砰！

「**哇呀！**」

一聲突如其來的巨響與緊接此起彼落的慘叫聲令法布爾大吃一驚。他定睛一看，原來一個蒸餾瓶**爆炸**了，令裏面滾燙的液體濺向四周的同學。幸好他站得較遠，沒被波及。

「嗚……」

他發現不遠處有個同學**痛苦**地摀住臉，遂立刻拉着對方跑到水槽，將頭按到水龍頭下**沖水**。事後那名同學看過醫生及服藥後，幸而保住眼睛。

化學雖有危險，但法布爾仍認為應**繼續學習**，這亦為其未來的茜草染料研究奠下基礎。

教育與研究

法布爾於1842年畢業，次年被派到卡龐特拉*的一所小學擔任教師。只是當地校舍**破舊不堪**，日間僅靠陽光照明，他就在**陰暗潮濕**的課室內，僅靠一塊黑板和一枝粉筆授課。另外，又因學校採取混齡教學，眾多不同年紀的學生一起上課，更令他**分身乏術**。直到後來獲派助手，幫忙教導年紀較小的學生唸法語的音節，而他則專注向年紀較大的學生講授數學等各種知識。

*亞維農 (Avignon)，法國東南部的城市。
*卡龐特拉 (Carpentras)，法國東南部的市鎮。

雖然在校園工作吃力，薪水微薄，但也有愉快的時候。到夏季天氣晴朗的日子，法布爾每周都帶領學生到田野學習**幾何測量**。他揹着昂貴的量角器，讓學生擔起測量用的標杆，一起前往空曠的平原地帶。那時，學生們都開心地奔跑在前，**精力充沛**，就好像遠足一般。

眾人到達目的地後，法布爾就指示學生將標杆插在特定位置，準備測量工作。可是大部分學生卻像**脫韁野馬**般無心學習，以致測量時**錯漏百出**，有些人更悄悄脫隊在附近探險嬉戲，令他頭痛不已。

有一次，他發現學生們**興致勃勃**地圍着一個地方，走過去一看，原來是個**黑蜂窩**。他們打開了那蜂巢，用麥秸去掏當中的蜂蜜來吃。對喜愛大自然的法布爾而言，能看到蜂巢內的結構，也知道那種蜂製造的蜜可吃，比教授幾何測量更**吸引**呢。

為了解更多那種蜂的資料，他到書店購買昆蟲學家布朗夏爾*等人所著的《節肢動物誌》，將之一口氣讀完，得悉那叫**塗壁花蜂***。同時他對昆蟲的迷戀更深，每次户外教學之餘都**因利乘便**，在四周探索其他昆蟲。

另一方面，他運用工作以外的時間**自修**解析幾何、微積分等，及後相繼考獲數學及物理學士學位。

1849年法布爾被調往科西嘉島*的中學，閒暇時就做各種生物研究。例如他曾收集不同的**貝類**，並將它們歸類和分析，打算寫一本有關科西嘉島貝類的書籍，只是最後**不了了之**。

此外，他結識一些登島研究植物的**植物學家**，與他們一起探究島上的植被和生態，甚至登上高聳的雷諾佐山*，採集各種植物標本。

數年後，法布爾被派回亞維農國立中學任教，同時繼續抽空鑽研昆蟲的學問。其間他看到一篇由著名博物學家迪富爾*撰寫的文章，當中述說了**節腹泥蜂**的習性，卻發現有許多**錯誤**。他深感震驚，發覺

*夏爾・埃米利・布朗夏爾 (Charles Émile Blanchard，1819-1900年)，法國昆蟲學家與動物學家。
*塗壁花蜂 (*Megachile parietina*)，或稱高牆石蜂，分佈於温帶地區，常在磚牆的縫隙中築巢。
*科西嘉 (Corsica)，位於法國東南的一座地中海島嶼。
*雷諾佐山 (Monte Renoso)，高二千多米。
*讓・馬里・萊昂・迪富爾 (Jean Marie Leon Dufour，1780-1865年)，法國醫生與博物學家。

就算是大有學問的人所提出的資料也未必可靠，應該**親自**探求真相，由此激發其終生研究昆蟲的志向。

此後他深入觀察和研究節腹泥蜂的生態，於1855年發表**論文***解析那種蜂類的特性。該篇文章引起科學界的關注，次年法蘭西學院向他授予實驗生理學獎，並對其發現**讚口不絕**。另外，他在同年更取得巴黎科學院的博士學位。

↑節腹泥蜂 (*Cerceris*) 屬膜翅目銀口蜂科昆蟲，以捕獵甲蟲和其他蜂類為食，於世界各地皆見其蹤影。

另一方面，因教師薪資微薄，法布爾也研究一些實用產品賺錢，其中一項是改良染料**茜素**的提取方式。以前人們只能靠淬取茜草內的粗糙混合物，再耗時費錢去提煉出來，而他則構思要如何直接提取，並借助學校的實驗器材去做各種**試驗**。結果，雙手都被茜草汁染得猶如煮熟的龍蝦螯爪般**通紅**。

經過多次實驗，法布爾大約在1866年成功從茜草快速抽取更濃、更純正的茜素，且能直接用作染料。接着他借一位朋友的印染工廠試驗，發現效果甚佳，令染布工作更**快捷方便**。及後他還成功申請數項**專利**，並希望建立自己的染色工廠。

Photo credit:Rubia cordifolia by Vinayaraj / CC BY-SA 3.0

↑茜草 (*Rubia cordifolia*)，多年生攀緣植物，其根部呈褐色，可被製成染料。

然而，一個**噩耗**悄然襲來。1868年德國巴斯夫公司*旗下的化學家格雷貝*及利伯曼*，還有英國化學家珀金*幾乎同時發現**人工合成茜素**，其製造成本只有天然茜素的一半而已。這導致茜草的價格大跌，人們漸漸不再用茜草提取染料，令法布爾的計劃也化成**泡影**。

人工茜素令法國的茜草園逐漸消失，而約於同時出現的**微孢子蟲**則導致南部的桑蠶大量死亡，摧毀養蠶與布業發展，使法國農業大受打擊。在這問題上，法布爾也曾出過一分力。

當時著名科學家**巴斯德**為找出病蠶的解決方法，便前往亞維農，向因昆蟲研究而聲名鵲起的法布爾**請教**，結果卻鬧出連蠶繭也

*《觀察節腹泥蜂的習性及其養育幼蟲與鞘翅目長期保存的原因》(*Observation sur les mœurs des Cerceris et sur la cause de la longue conservation des Coléoptères dont ils approvisionnent leurs larves*)。
*巴斯夫(BASF)，德國化學公司，成立於1865年。2008年更名為「巴斯夫歐洲公司」(BASF SE)，現為世界最大的化工企業集團。
*卡爾·格雷貝 (Carl Gräbe，1841-1927年)，德國有機化學家。
*卡爾·狄奧多·利伯曼 (Carl Theodore Liebermann，1842-1914年)，德國化學家。
*威廉·亨利·珀金 (William Henry Perkin，1838-1907年)，英國化學家，另曾發現其他人工染料——苯胺紫。

認不出的笑話*。事後法布爾開玩笑地評論對方不識蠶繭與蠶蛹，卻想解決蠶的問題，實在「**勇氣可嘉**」。

由於法布爾對生物學識十分豐富，因而獲得各界**賞識**。1866年他被舉薦兼任勒基安博物館*的館長，翌年更到巴黎謁見拿破侖三世*，獲頒騎士勳章。可是好景不常，1870年他受到保守的宗教人士**抨擊**而被罷職，並被逼舉家遷至奧蘭治*，只能編撰各類科普書與教科書糊口。

《昆蟲記》的著述

雖然生活變得更艱苦，但法布爾並沒氣餒，在努力工作之餘仍繼續研究昆蟲，再將資料加以匯整。其間又一禍事出現，1877年長子朱爾逝世，令其**悲痛欲絕**。不過他仍勉力寫書，令**《昆蟲記》**(*Souvenirs entomologiques*) 首卷得以如期在同年面世。為**紀念**逝去的兒子，他在書中附錄以朱爾的名字命名三種蜂類，並記述其特徵。

↑上圖是朱爾沙泥蜂(*Ammophila julli*，後來被確認為 *Ammophila terminata* 的亞種 *A. t. mocsaryi*) 是其中一種以法布爾兒子的名字命名的昆蟲。據《昆蟲記》記載，這種蜂胸節中的第三節呈紅色。

另外，他一直努力積存金錢，至1879年舉家搬到塞里尼昂*，在一塊荒地購置一所房子，命名「**荒石園**」。從此過着隱居生活，全力研究多種昆蟲和蜘蛛、蠍子等節肢動物。

以開首提及的**蜣螂**為例，法布爾與牧羊少年助手在充滿羊隻糞便的草地四處尋找其蹤跡，又扒開泥土，探索蜣螂的地道，觀察其生活習性。有一次他們還找到一種**梨形糞球**，發現雌性蜣螂會將卵產於其中，以備將來幼蟲孵化後有東西可吃。法布爾將此事寫於書中，讚揚雌性蜣螂在孩子出生前已為其準備居所和糧食。

又譬如法布爾研究一種**圓網蜘蛛**時，發現蜘蛛所編織的網與數

*欲知巴斯德解決病蠶問題的故事，請參閱《誰改變了世界》第1集 p.53-55。
*勒基安博物館 (Museum Requien)，位於法國亞維農，是一座自然史博物館。
*拿破侖三世 (Napoleon III，全名是夏爾-路易-拿破崙．波拿巴，Charles Louis Napoléon Bonaparte，1808-1873年)，法國末代專制君主，也是法國首位民選總統。 *奧蘭治 (Orange)，法國東南部的城市。 *塞里尼昂 (Sérignan)，法國南部城鎮。

學上的**等角螺線**很相似，因而感歎大自然的**鬼斧神工**，生物創造的事物裏蘊含精確的**科學奧秘**。

↓蜘蛛網主要由直向擴展的輻射絲與橫向連結的螺旋絲構成。

輻射絲

彼此之間的角度幾乎相同。

螺旋絲

具有黏性，一直延展下去。

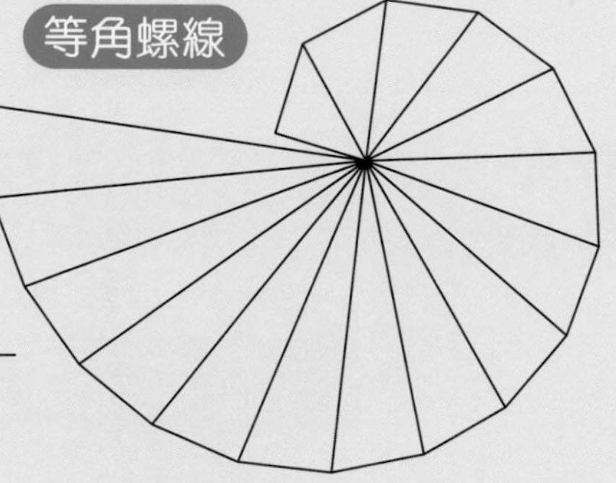

↑等角螺線又稱生長螺線，其曲線向外擴張時，彼此的間距會按比例增加。

法布爾在遷居荒石園後的20多年間，一直觀察和研究各類昆蟲，以生動的文字**述說**其生態特徵，並陸續出版《昆蟲記》其餘9卷。

《昆蟲記》記載了百多種昆蟲，也記下法布爾的**生活點滴**與**啟發**，富含對大自然的感情。

這套巨著更為他帶來各種榮譽，歐洲各國科學院都邀他擔任名譽院士，村民們亦為他樹立雕像。法國文豪雨果*曾讚譽他是「**昆蟲界的荷馬***」，更有羣眾發起運動，表示支持法布爾獲提名諾貝爾文學獎。

1915年他以91歲高齡辭世，那時其名聲已傳至**亞洲**。中國著名作家魯迅及其弟周作人看過日譯本與英譯本的《昆蟲記》後，深受吸引，認為這套**科普讀物**有益於青少年。1923年周作人率先在報紙刊登文章，介紹《昆蟲記》，並翻譯部分內容。此後數十載，國內書局或出版社都出版了不同的版本。

法布爾畢生致力探索昆蟲世界，不盲信書本上的權威資料，而是堅持**親自觀察**，逐步**求證**箇中真相，為昆蟲學研究作出重大貢獻。

*維克多．馬里．雨果 (Victor-Marie Hugo，1802-1885年)，法國作家，著有《孤星淚》、《鐘樓怪人》等多部著名作品。
*荷馬 (Homer)，生於公元前8世紀的古希臘吟遊詩人，創作過非常著名的史詩《伊利亞特》(Iliad) 和《奧德賽》(Odyssey)。

參加辦法

在問卷寫上給編輯部的話、提出科學疑難、填妥選擇的禮物代表字母並寄回，便有機會得獎。

聖誕禮物大放送

A 10合1棋盤策略遊戲

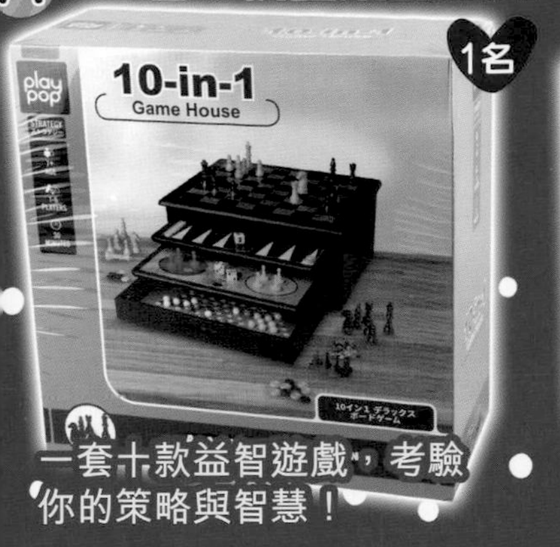

一套十款益智遊戲，考驗你的策略與智慧！

B 迪士尼公主首飾盒

可愛的公主首飾，還附有盒子給你好好收藏。

C LEGO®Technic™ 42120 救援氣墊船

逼真模擬真實的氣墊船，還能改裝成雙引擎飛機。

D 大偵探福爾摩斯聖誕奇譚 + 華生外傳

1名

讓福爾摩斯和華生的精彩故事陪你過聖誕。

E 大偵探水樽

1名

就算在冬天也要補充水分！

F 實驗室肥皂製作套件

1名

親手製作肥皂，了解清潔背後的原理。

G 機動戰士 GUNDAM SEED 模型

（隨機獲得其中一份）

2名

精美的高達可動模型，隨時擺出帥氣姿勢。

H 森巴STEM ①＆②

1名

一邊看有趣的森巴漫畫，一邊學習科學知識。

I TOMICA STAR WAR 車子

2名

星球大戰的迷你車子，極具收藏價值。

第210期得獎名單

	禮物	得獎者
A	魔幻仙子燈泡	廖巧宜
B	LEGO®Creator 3in1 31111 科網無人機	馮焯毅
C	蘇菲的奇幻之航①&②	陳春婷
D	鬼口水製作工具包	麥傑峰
E	四字成語 101①&②	林盛隆
F	星光樂園神級偶像 Figure	Melanie Yim、胡琳
G	大偵探福爾摩斯漫畫版④&⑤	吳欣穎
H	肥嘟嘟華生毛公仔	李柏橋
I	LEGO®DOTS 41927 DOG	黃樂希

規則

截止日期：12月31日
公佈日期：2月1日（第214期）

★ 問卷影印本無效。
★ 得獎者將另獲通知領獎事宜。
★ 實際禮物款式可能與本頁所示有別。
★ 匯識教育公司員工及其家屬均不能參加，以示公允。
★ 如有任何爭議，本刊保留最終決定權。
★ 本刊有權要求得獎者親臨編輯部拍攝領獎照片作刊登用途，如拒絕拍攝則作棄權論。

水熊蟲的新「復活」大法！

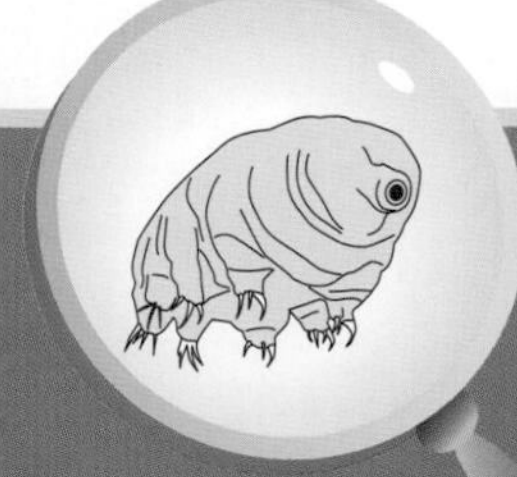

水熊蟲雖然細小，卻有着「地表最強生物」的稱號，能在多種極端環境下生存。科學家一般認為牠們是憑藉控制體內蛋白質，將自身細胞「玻璃化」，以適應極端乾燥的環境。今年九月，日本東京大學的研究團隊發現水熊蟲還能透過「凝膠化」保護細胞結構，以等待下次復生。

凝膠保護原理

一般來説，細胞內的水分子會由低濃度區域走向高濃度區域，這稱為「滲透作用」。只是，當細胞缺水時，細胞內的濃度較外面低，水分子便跑到外面，細胞就會皺縮，甚至死亡。

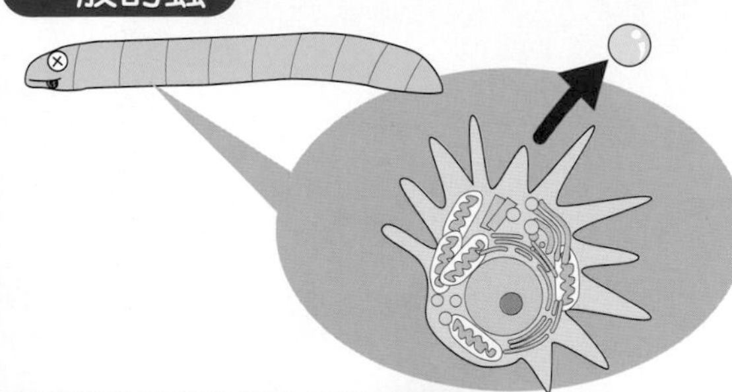

水熊蟲的厲害之處在於牠感受到周遭環境變得乾燥時，就會主動排出水分，減低體內的代謝，進入休眠狀態。同時細胞內的 CAHS（Cytoplasmic-abundant heat soluble）蛋白質形成網狀的凝膠以作支撐，避免細胞因皺縮而受損。

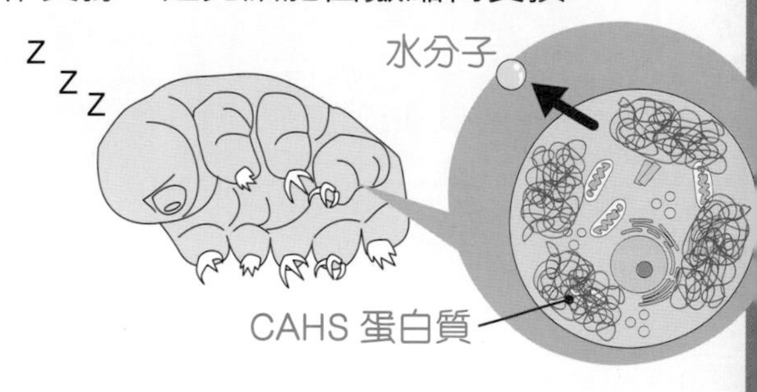

當身處環境再次有水時，水熊蟲體內的 CAHS 蛋白質就會退去，細胞重新運作，牠便能甦醒過來。

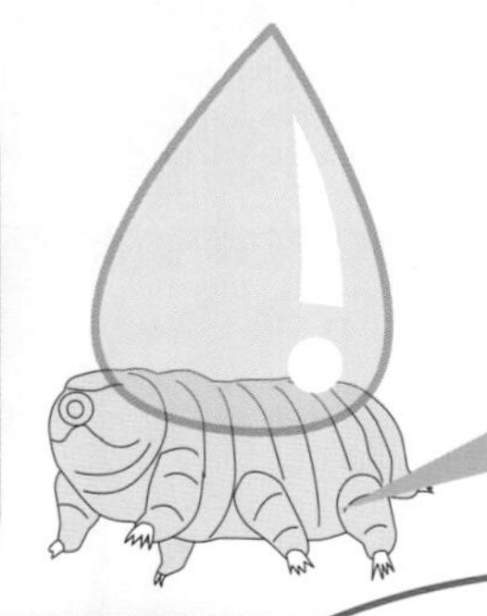

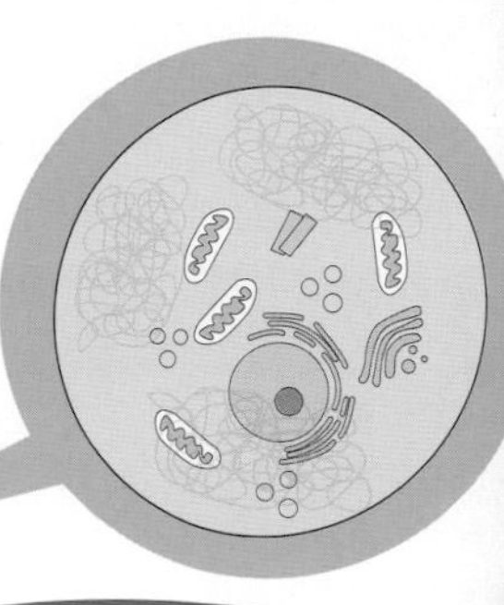

水熊蟲小檔案

- 分類屬緩步動物門（學名：*Tardigrada*）
- 尺寸介於 0.1-0.8 毫米
- 生活在苔蘚、森林、山脈、深海等多個地方
- 休眠狀態下能忍受高溫、低溫、高輻射、真空等極端環境

暑期數理常識挑戰計劃 2022 決賽

今年的暑期數理常識挑戰計劃完滿結束！在經過網上的初賽後，5 間表現最佳的學校於 10 月 15 日到英華書院進行決賽，爭奪數理校園冠軍！

▶在比賽正式開始前，世界自然基金會香港分會助理教育經理 Kitty 姐姐分享有趣的生物保育知識，順便為各參賽者減減壓。

得獎名單

恭喜所有得獎同學！

冠軍	亞軍	季軍
道教青松小學（湖景邨）	東華三院鄧肇堅小學	大埔循道衛理小學

福爾摩斯登陸創新科技嘉年華2022！

一連 9 日的「創新科技嘉年華 2022」已於 10 月 30 日閉幕。當中除了有各式科技展品和互動遊戲，一眾《大偵探福爾摩斯》人物也在場地不同角落與大家見面！

▲福仔、華生和小兔子也到場跟大家見面！

◀由香港專業教育學院學生設計的 AI 智能導盲杖「iStick」，可利用 AI 技術提醒失明人士避開障礙物。

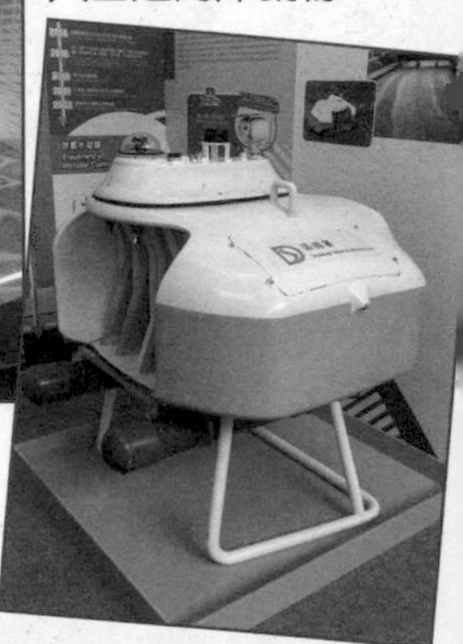

▶渠務署研發的其中一部機械人，用來清除污水設施內，因生物處理而在水面形成的淤泥。

嶺南鍾榮光博士紀念中學

風動力快車親子科技比賽 暨 STEM 學習體驗

協辦學校：中華基督教會基真小學、天主教領島學校
贊助機構：兒童的科學

為推廣科技教育，嶺南鍾榮光博士紀念中學在 11 月 5 日舉辦「風動力快車親子科技比賽」，參賽家庭要合力設計及組裝以風力推動的模型車，鬥快之餘又鬥創意！

▲在比賽前看過介紹影片後，比賽當日有 60 分鐘時間組裝。（得獎名單已於中學網頁、Facebook 公佈。）

比賽完畢後還有參觀活動，當中還包括爬蟲館！

▲ VR 體驗區

▲ IoT 學習體驗

▲爬蟲館

大偵探福爾摩斯 羊駝大追捕（下）

上回提要：福爾摩斯為了賺取租金，接下了將羊駝從碼頭護送至「南美動物展」的工作，到碼頭時卻發現羊駝被偷走，更驚動蘇格蘭場。幸好經調查後，眾人很快就將羊駝尋回，並當場抓住犯人阿當。福爾摩斯聽取阿當的苦衷後，決定讓他幫忙護送羊駝，將功補過。然而，用來拉羊駝的 5 條韁繩卻壞了 3 條……

「唔……只有**2條**韁繩和你**一個人**……怎樣才能拉動**5頭**羊駝呢？」福爾摩斯想了想，突然靈光一閃，「我有辦法了，直接拉着**2頭**羊駝，把剩下的**3頭**羊駝繫到那**2頭**羊駝身上不就行了嗎？」

「那要怎樣繫？」華生訝異地問。

「嘿嘿嘿，有多達**14種**繫法啊。」福爾摩斯笑道，「我隨便選一種吧。」

難題：
大家知道福爾摩斯用甚麼方法讓阿當一個人就能牽走 5 頭羊駝嗎？不知道的話，到 p.56 看看答案吧。

說完，他就指導阿當把羊駝繫好，**無驚無險**地把 5 頭羊駝送到了動物展的場地，順利地完成了任務，還取得了相當於兩個月租金的報酬。

離開展場時，福爾摩斯把一個**信封**遞上，並說：「這是運送羊駝的**報酬**，足夠你聘請一位律師。」

「呀！」華生大驚，「那不是用來——」

「你不是常說，**助人為快樂之本**嗎？」福爾摩斯瞅了華生一眼，「況且，沒有阿當，我們也無法把羊駝運到展場啊。」

華生無法反駁，只能點點頭說：「是的，你做得對。」

「可是……」阿當卻不知如何是好，不敢接過信封。

「拿去吧，這是你應得的。」福爾摩斯把信封塞到阿當手上，「對了，警方和管工都可能會來找你麻煩，你找個理由**辯解**，說昨晚羊駝受到其他動物影響，情緒很不安定，就把牠們拉到空倉關起來了。」

「可是，我放羊駝衝出來撞你們，又怎樣解釋？」阿當仍不放心。

「嘿嘿嘿，這個更簡單。你說那兩個警探和管工用力拍門，羊駝**受驚**當然亂衝亂撞，與你無關啊。」福爾摩斯笑道，「最重要的是，你真的協助我們，把羊駝送到展場。不是嗎？」

「這……」阿當**激動**地緊握福爾摩斯的手，「我真不知該怎樣說……實在太感謝……太感謝你們了……」

福爾摩斯與華生以為事情告一段落，又做了件好事，就開開心心地回家了。然而，他們不知道的是，一個**小惡魔**早已在貝格街等着他們回來了。

「今天是最後限期，這個月的租金呢？」愛麗絲看到兩人剛下馬車，就一個箭步從街角閃出大叫。

「**哇！**」福爾摩斯和華生都被嚇了一跳。

「**付錢！**」愛麗絲得勢不饒人，攤開手掌叫道，「別說沒錢，小兔子已告訴我，你們昨晚去查案，一定已收到了酬金！」

「那個小屁孩真多嘴！」福爾摩斯罵道。

「愛麗絲，事情沒這麼簡單，你聽我說……」華生把剛才的經過一五一十地道出，最後更補充道，「我們從**14種**拉走羊駝的方法中選了一種，順利完成了任務，也幫助了那位阿當先生。**助人為快樂之本**嘛，可以再通融多幾天嗎？」

「哼！這故事好動聽啊，但我怎知道你們是否藉詞拖延。」愛麗絲並不相信。

「你不信也沒辦法，人有三急，我先走啦！」福爾摩斯知道秀才遇着兵，有理說不清，一個轉身就逃。

「**不准走！**」小兔子不知從哪兒閃出，擋住了福爾摩斯的去路，「你一定是想借尿遁，休想！」

「對！對！對！一定是借尿遁！」

「**借尿遁！借尿遁！**」

突然，叫聲此起彼落，把華生也嚇了一跳。他定睛一看，原來是少年偵探隊的小胖豬、小老鼠、阿猩、小樹熊和小麻雀把福爾摩斯包圍了。當然，這是搗蛋王小兔子搞的鬼，他一定是想戲弄一下福爾摩斯。

我們的大偵探見**無路可逃**，就說：「不信的話，我就告訴你阿當怎樣憑一人之力就拉走5頭羊駝，證明我沒說謊。不過，你們也要合力想出**其餘13種**方法啊！」

「好呀！老子怕你嗎？」小兔子**老氣橫秋**地應道。

「好，你聽着，我的方法就是——把2條完整的韁繩繫在**2頭**羊駝（A與B）上，然後，再把**另外2頭**（C與D）繫在A後面。接着，把**最後1頭**（E）繫在B後面。這樣，只是一個人也可以把5頭羊駝牽走了。」

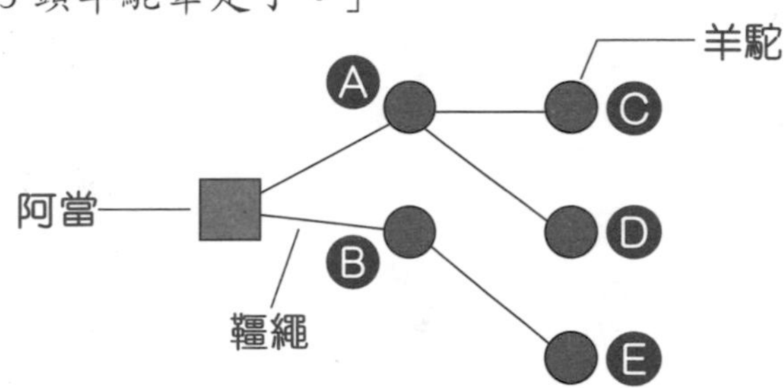

聽完福爾摩斯的解釋後，小兔子誇口道：「哈哈哈！太**簡單**了，我已馬上想到一種方法了！」

「我也想到了！」小胖豬說。

「我也一樣！」小老鼠說。

「我也是啊！」阿猩、小麻雀和小樹熊也紛紛應道。

「喂！別忘了我啊！」愛麗絲也叫道。

接着，他們都出示了自己的**方法**。

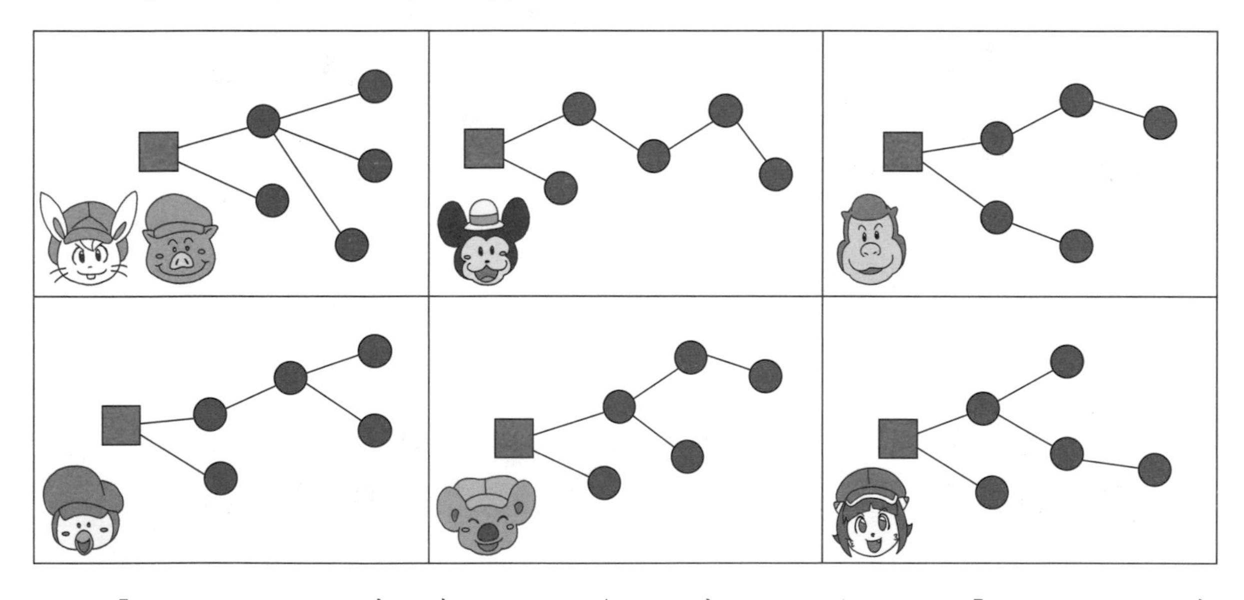

「嘿嘿嘿，你們的表現都不錯呢。」福爾摩斯狡黠地一笑，「不過，方法共有**14種**，你們共想出了**6種**，連我說出的**1種**，還有**7種**啊。」

「還有7種？」小兔子不服氣地說，「怎麼可能？」

「總之還有7種，快**閉目沉思**一下吧，想不通就算輸！」福爾摩斯說。

「好！我再想想！」小兔子閉上眼睛，使勁地想。

「讓我也想！」

「我也來想！」

少年偵探隊的隊員紛紛仿效，閉目苦思起來。

愛麗絲惟恐落後，也閉上了眼睛拚命地思索。

「嘿……」福爾摩斯遞了個眼色。華生意會，馬上與福爾摩斯一起，一起不動聲色地**逃之夭夭**。可憐小兔子他們仍在苦思冥想，想來想去也想不出答案來呢！

難題：

各位讀者，你們可以幫幫小兔子他們，想出餘下的7種方法嗎？想不出的話，就到p.56看看答案吧。

數個月後，福爾摩斯與華生因事經過海德公園，一個似曾相識的**身影**引起了兩人的注意。

「咦？那個不是阿當嗎？」福爾摩斯指着不遠處的**草坪**說。

「是呢！」華生看到阿當正與一個**小女孩**在玩耍。

「看來他贏了官司呢。」

「對，那個小女孩一定是他的女兒。」

「看來，羊駝失蹤案終於有一個完美的結局呢。」福爾摩斯凝視着阿當兩父女歡樂地玩耍的情景，開心地笑了。

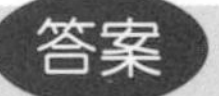

首先，由於斷了轡繩的關係，一個牽繩人能直接拉着的羊駝只有 2 頭，如下圖：

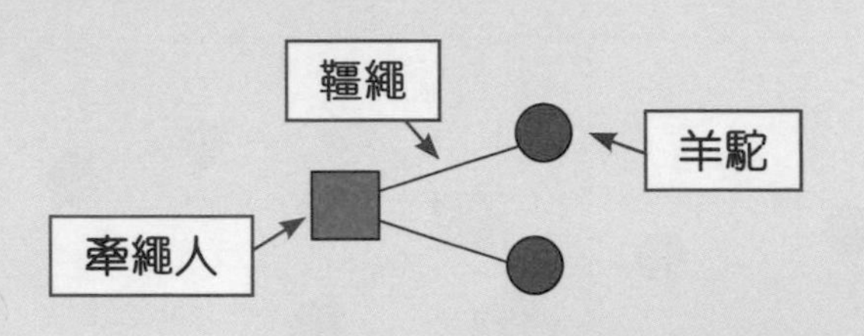

剩下的 3 頭羊駝無法直接連繫到牽繩人，但可繫到前面 2 頭羊駝上去，就如福爾摩斯率先提出的方法。如圖：

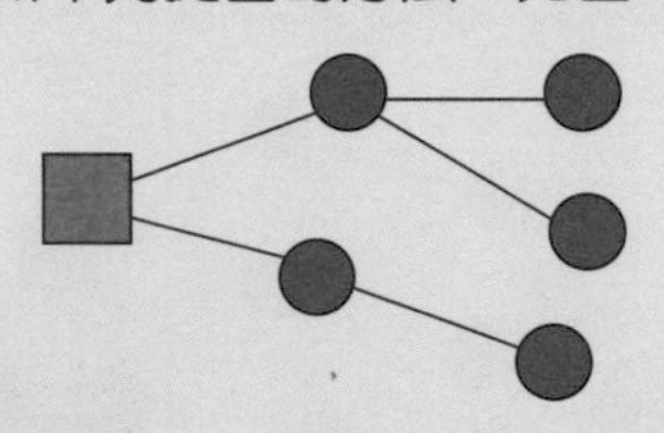

此外，福爾摩斯、少年偵探隊和愛麗絲所想到的 7 種方法，其實已包括了所有方法，只要將其上方的分支（分支 1）及下方的分支（分支 2）互調，就會產生另外 7 種連繫的方法，這樣就共有 14 種方法了。

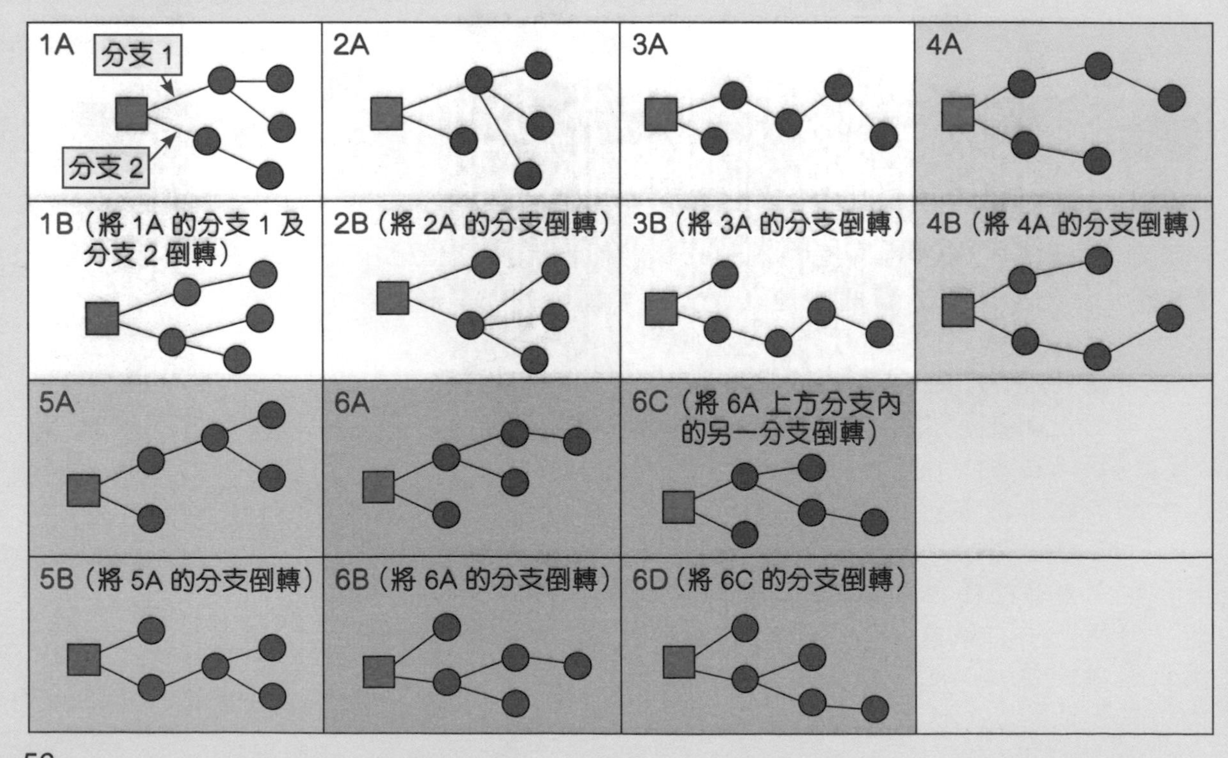

數學小知識

圖形與拓樸學

事實上，在那 14 種連繫方法中，有 6 種是各自獨立的，另外 8 種則是由那些獨立的方法「變形」所得。

當一個圖形經過沒「修剪」和「黏合」的變形後，得出的新圖形和其舊圖形的外觀雖不同，但在拓樸學卻是相同的，那稱之為「等價」。

拓樸學是幾何學的一個分支。只是，這對讀者來說或會非常陌生，對其分析圖形的角度亦未必習慣。因為大家目前學習的幾何學，主要是憑邊的數目、邊長、角度等來將圖形分類，但在拓樸學上會加入「變形」的概念，亦即圖形可拉扯或壓縮。所以，兩個圖形在一般的幾何學上形狀各異，但在拓樸學上或許是相同呢。

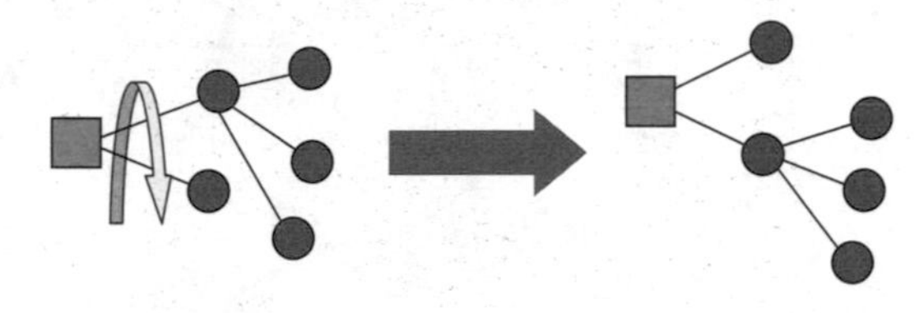

←例如，將圖形 2A 的兩條分支上下扭動，就變成圖形 2B。在拓樸學上，圖形 2A 就跟 2B 是一樣的，亦即「等價」。

拓樸學的「變形」概念有其實際用途。以化學為例，有些化合物的構成元素一模一樣，但其結構卻大相逕庭。科學家理解這些化合物時，就用上了這種概念。

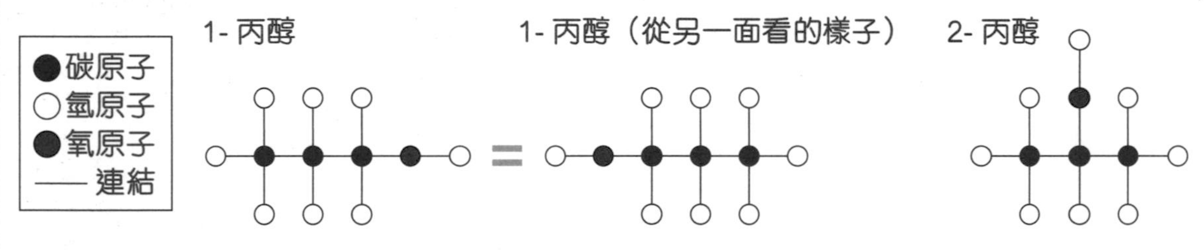

↑科學家研究酒精之一的丙醇，看似具有 3 種化學結構。不過，當中 2 款只是結構相反，亦即丙醇實際上只有 2 種化學結構。

另外，「網路拓樸學」也利用類似方法繪製網路圖，以表達電腦及路由器等裝置如何連繫，不過這跟數學的拓樸學關係不大。

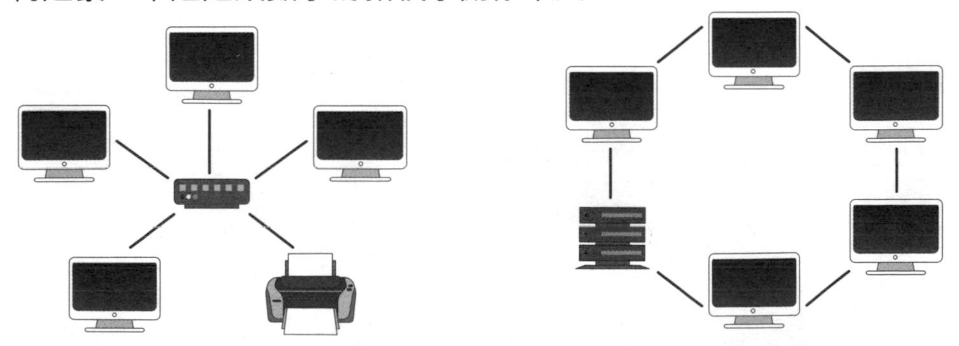

↑眾多電腦及電子設備可各自接駁到路由器，形成「星形」的區域網路，也可互相接駁成「環形」的區域網路。

中國太空站

天宮完成組建

梁淦章工程師
香港天文學會
太空歷奇

2022 年 11 月 3 日，神舟十四號的 3 名太空人順利進入已轉位到側向永久停泊口的「夢天」實驗艙，代表中國太空站的組建正式完成。

此後，3 名太空人會無間斷駐留於太空站，每半年在軌換班一次，進行常規的太空微重力和真空宇宙環境的實驗。

構建太空站重要技術——交會對接與轉位

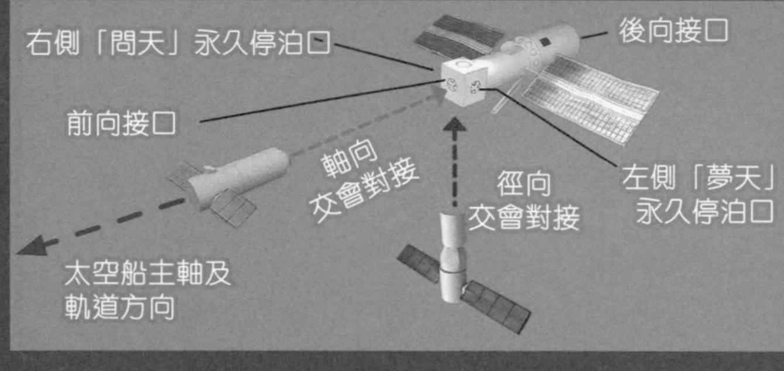

詳情請參閱第 200 期「天文教室」P.60「『天宮』太空站的交會對接」。

太空站組建過程重大事件

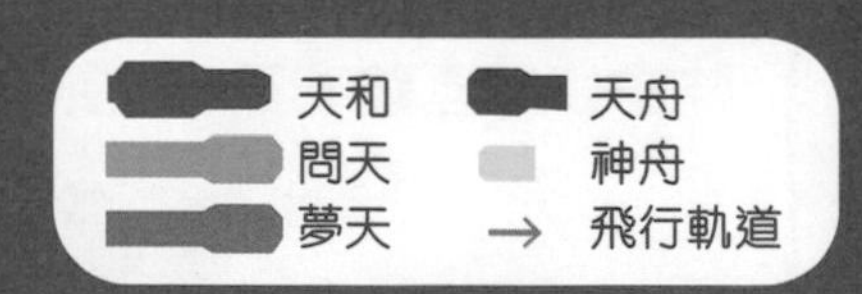

「天宮」的「I」字結構

2021 年 6 月 17 日：首批神舟十二號 3 位太空人進駐「天和」核心艙

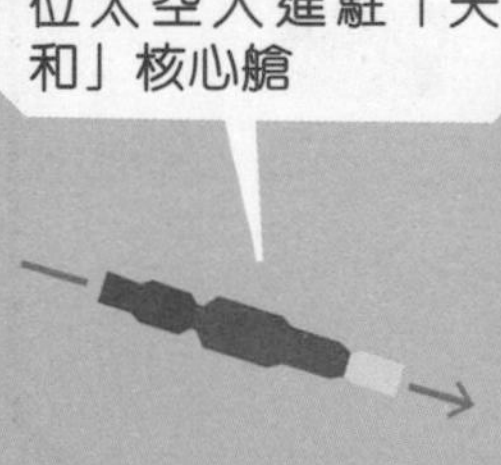

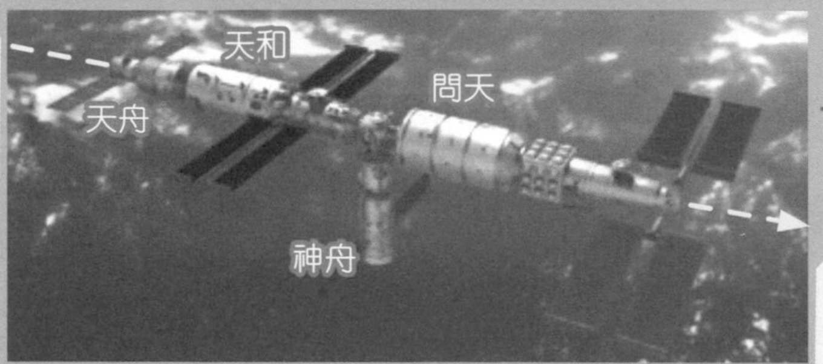

▲太空站正常的水平姿態

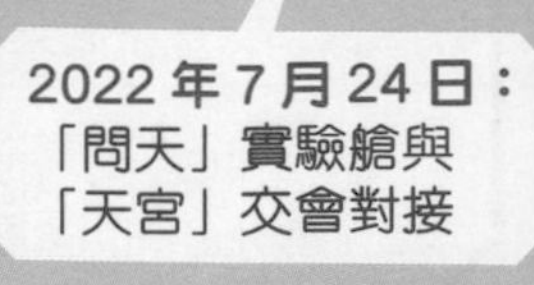

2022 年 7 月 24 日：「問天」實驗艙與「天宮」交會對接

「天宮」的「L」字結構

2022 年 9 月 30 日：
「問天」轉位至側向永久停泊口，形成「L」字結構。由於結構不對稱，在軌道面的重心並不平衡，不利於長期在軌運行，所以這結構只是為對接「夢天」實驗艙而暫時存在。

轉位前組合體要先改成垂直姿態，利用地球引力對「問天」的牽引和機械臂的帶動去完成整個轉位過程。

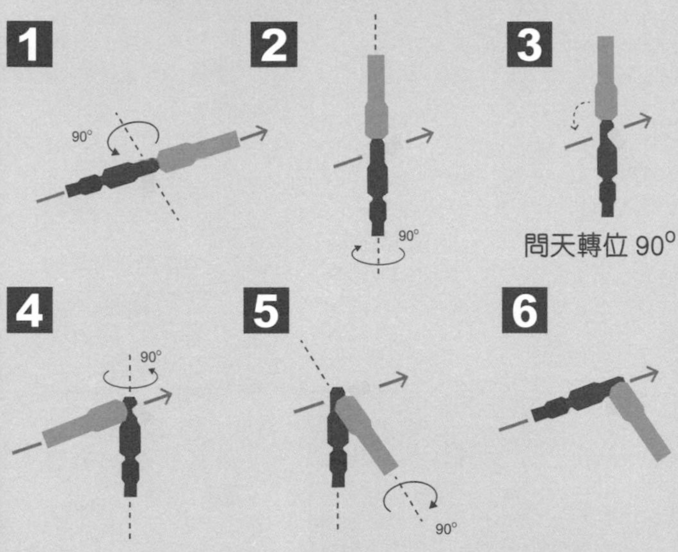

2 ▲「問天」準備轉位的暫時垂直姿態

4 ▲「問天」完成轉位

「天宮」的「T」字結構

2022 年 10 月 31 日：
「夢天」實驗艙與「天宮」組合體交會對接

2022 年 11 月 3 日：
「夢天」轉位至側向永久停泊口，形成「T」字結構，轉位前也要先改成垂直姿態。

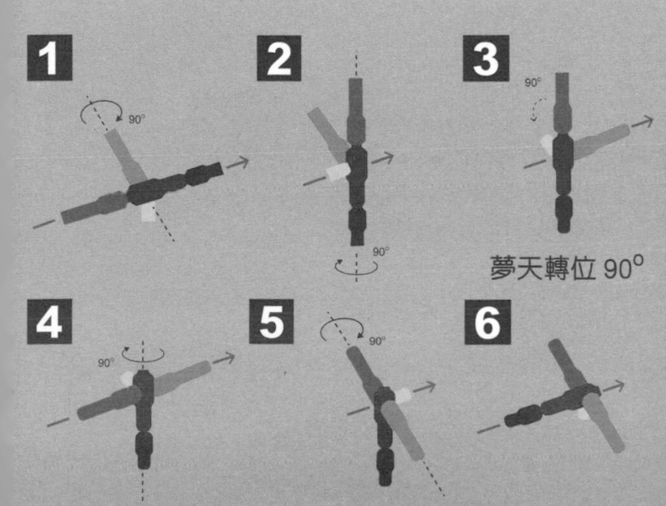

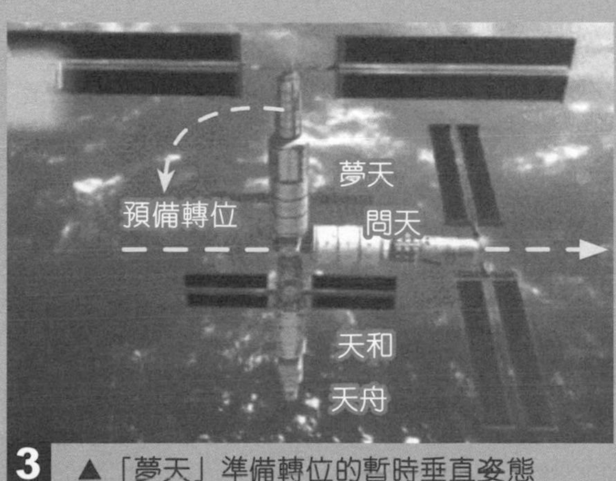

3 ▲「夢天」準備轉位的暫時垂直姿態

中國太空站組建 DIY

紙樣

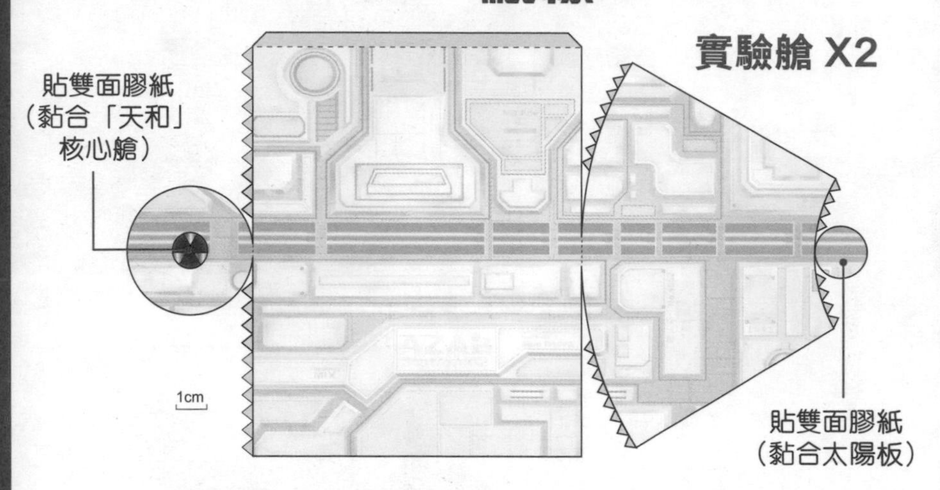

實驗艙太陽板 X4

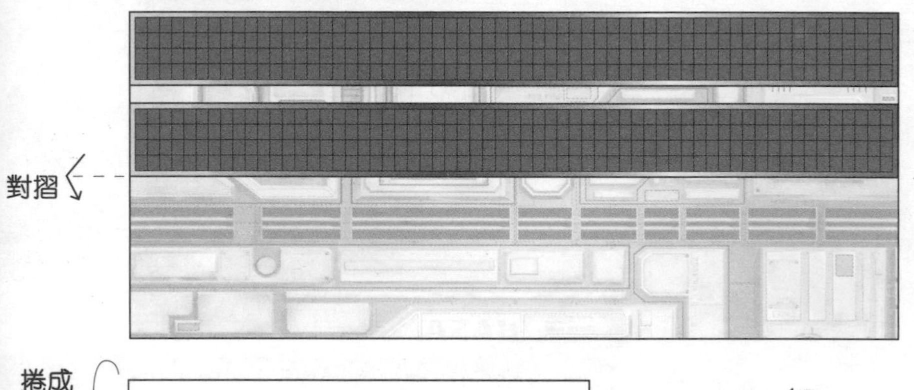

製作步驟

- 用彩色影印機把紙樣放大 2.5 倍，印出 4 副太陽板，其他部份則只需印 2 套，代表「問天」和「夢天」實驗艙。
- 在指示位置貼上雙面膠紙，黏合實驗艙和太陽板。
- 根據以下組合圖，構建「問天」和「夢天」實驗艙。
- 參閱第 199 期「天文教室」的「『天和』核心艙 DIY 製作」的「天和」紙模型，如圖模擬「天和」與兩個實驗艙對接。

組合圖

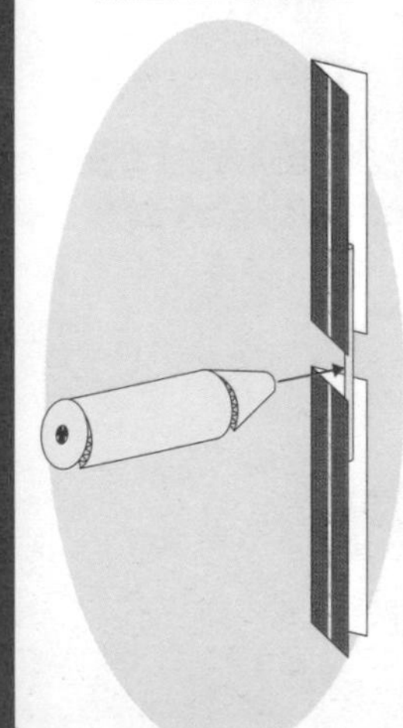

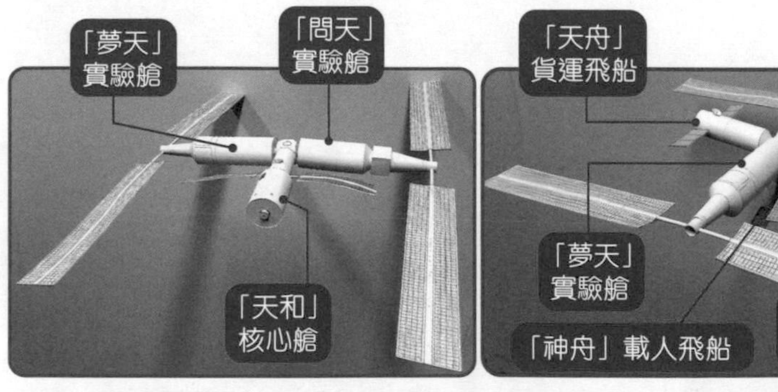

注意：請參閱第 200 期「天文教室」用線垂掛天宮組合體模型的留意事項，以及如何調整組合體的重心，使太空站成水平姿態。

重演中國太空站組建過程

明白了太空站的構建過程後，就可動手試試用紙模型重演各艙段的交會對接和轉位。

科學Q&A
第一百四十話　植物網絡世界
漫畫◎李少棠　上色協力◎周嘉詠
劇本◎《兒童的科學》創作組
唔〰真舒服。
所以我每天早上都會來散步！
啊？
這棵樹枯萎了。
怎會這樣？
甚麼事？

前兩天我
來這裏時，它
還很茂盛呀！
甚麼？
只有那範圍的
樹木有枯萎
跡象，似乎
事有古怪。
若能親自問它
發生甚麼事
就好了。
好，就直接
問問它吧。
怎問啊？
到你
出場啦。

大家好！
蘑菇？
我知道蘑菇屬真菌類，
並非植物，但這個跟
植物溝通有何關係？

其實真菌有很多
不同的形狀、
大小……

不如帶他們
去看一下吧！

滋滋

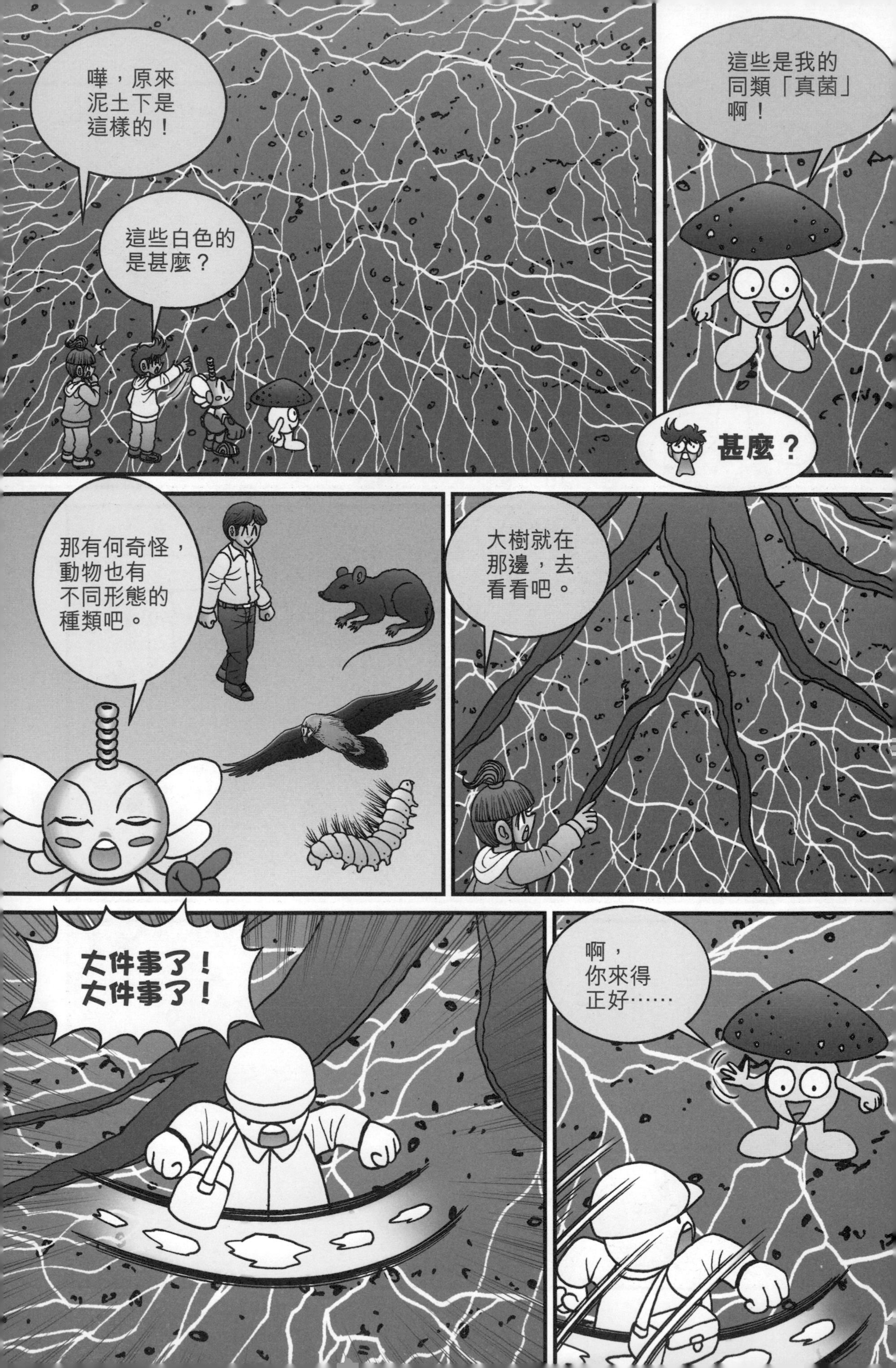
嘩，原來
泥土下是
這樣的！
這些白色的
是甚麼？
這些是我的
同類「真菌」
啊！
甚麼？
那有何奇怪，
動物也有
不同形態的
種類吧。
大樹就在
那邊，去
看看吧。
大件事了！
大件事了！
啊，
你來得
正好……

別阻着我！
大件事了！大件事了！

唯有直接
問它了。

大樹又
不懂說話，
怎樣問？
還是
讓我來
吧。

你們集中精神，
就能通過我跟它
溝通了。

你……你好？

你還在這裏
幹甚麼！

延綿不絕的菌絲連接不同植物的根部，形成一個小型網絡，並替植物把水、糖和各種營養傳送給其他植物。

而植物也各有偏好，它們會以這個網絡特地多傳一點營養給其喜愛的某一棵樹。

另外，科學家發現，這個網絡亦帶有傳遞信息的功能，植物之間可藉其互相溝通。

大件事了！
隔鄰的小樹正受到蚜蟲襲擊，快做好防範！
菌絲細胞

我命不久矣，防範也沒用，你們就把我的養分送給那棵小樹吧。
怎能這樣！
這樣真的好嗎？
這就是植物的世界，我們還是趕快去拯救那小樹吧。

謝謝各位幫忙，跟着我吧！

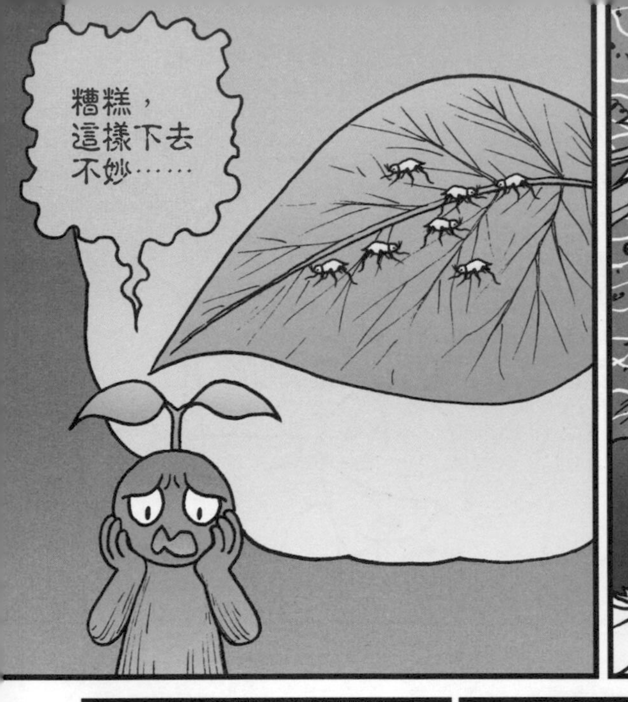
糟糕，
這樣下去
不妙……

你撐着啊，
我們來了！

糖分

我充滿力量了！

熊熊

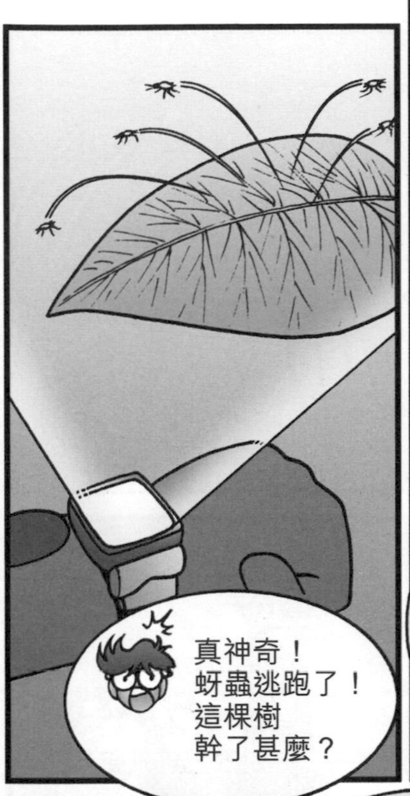

真神奇！
蚜蟲逃跑了！
這棵樹
幹了甚麼？

植物受攻擊時
並非坐以待斃，
而是分泌一些
化學物質，吸引
害蟲的天敵前來
捕食，以減低
自己的損傷。
受攻擊的植物
也會以真菌網絡
通知附近的同伴，
讓它們提早
分泌那些物質
預先防範。

幸好你們及時
趕到，謝謝！

為何你會這麼虛弱的？
按道理這季節是你的
成長期呀。

我這樣子
和大樹伯伯
垂死，都是那
外來的傢伙
所害！
外來的
傢伙？

原來是外來種入侵！
啊！
外來種即是甚麼？
外來種就是原本不屬於這地方的生物，被引入後快速擴散，威脅本土生態的物種。
?
外來種大量繁殖，會擠壓原有物種的生長空間，甚至搶奪其養分。
還有更嚴重的是……
一些植物如銀合歡會釋出毒素，經真菌網絡毒害四周植物，以便自己的同類控制這一帶！
太可怕了！
對，毒害我們的真兇就是那棵怪樹！

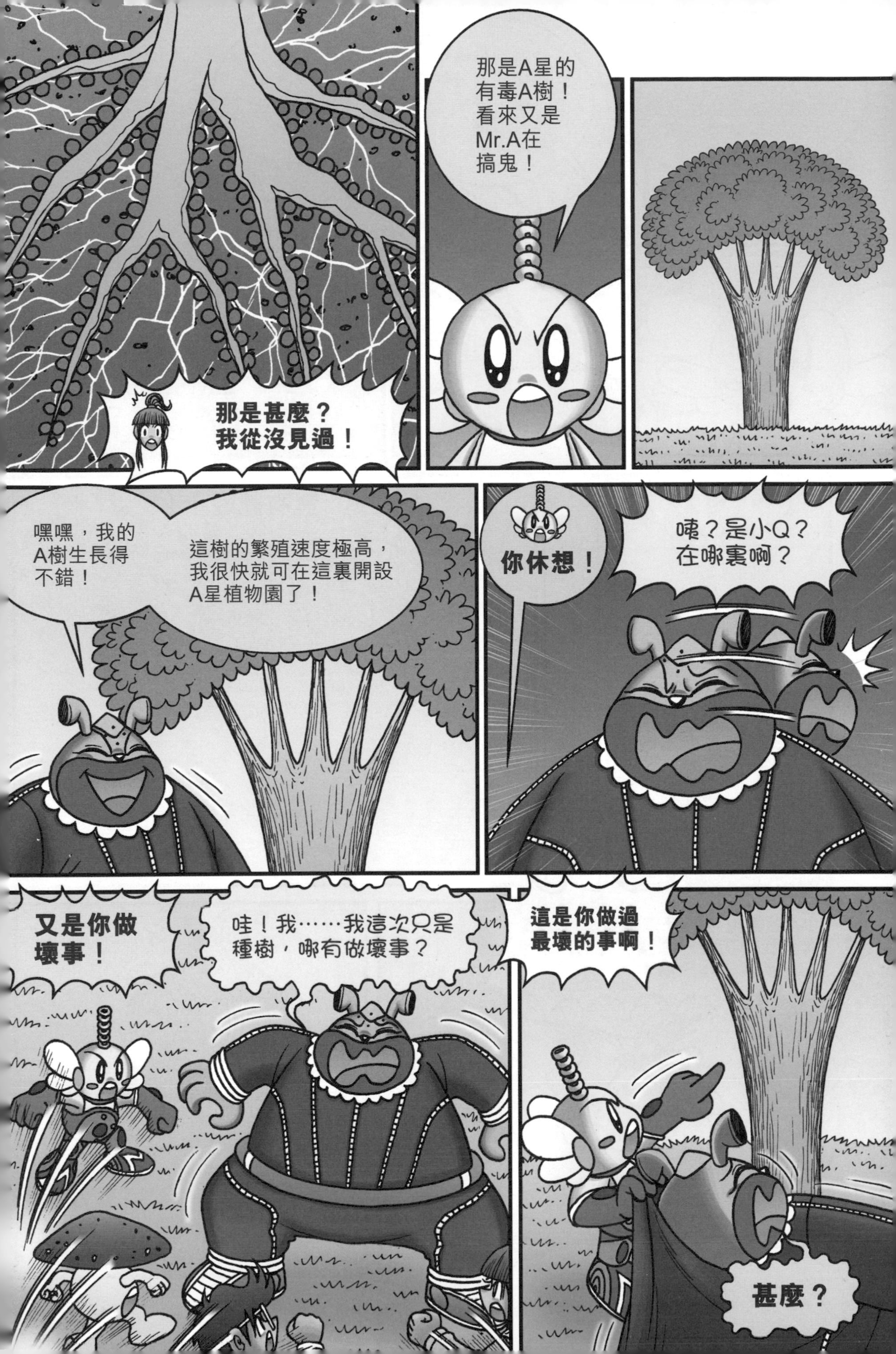
那是甚麼？
我從沒見過！
那是A星的
有毒A樹！
看來又是
Mr.A在
搞鬼！
嘿嘿，我的
A樹生長得
不錯！
這樹的繁殖速度極高，
我很快就可在這裏開設
A星植物園了！
咦？是小Q？
在哪裏啊？
你休想！
又是你做
壞事！
哇！我……我這次只是
種樹，哪有做壞事？
這是你做過
最壞的事啊！
甚麼？

外來物種繁殖力高，
又沒有天敵，
會蠶食原有物種資源，
大幅影響當地生態！
食物鏈被破壞
會造成毀滅性
打擊，甚至令
原有物種
滅絕！
那太可怕了！
真……真的
那麼嚴重嗎？
當然！你須立即
移除所有A樹，
還原這兒的景觀，
還有……
呀，糟了！
另一邊廂，在A星……
豈有此理！
小A竟把地球的外來植物種在這裏，
弄得我的花園一團糟！待他回來後
一定要狠狠收拾他！
嗚……
??

～完～

兒童的科學 NO.212

請貼上
HK$2.2郵票
只供香港
讀者使用

香港柴灣祥利街9號
祥利工業大廈2樓A室
兒童的科學 編輯部收

有科學疑問或有意見、
想參加開心禮物屋，
請填妥問卷，寄給我們！

大家可用
電子問卷方式遞交

▼請沿虛線向內摺

請在空格內「✔」出你的選擇。

我購買的版本為：01☐實踐教材版 02☐普通版

*給編輯部的話

*開心禮物屋：我選擇的禮物編號

*我的科學疑難/我的天文問題：

*本刊有機會刊登上述內容以及填寫者的姓名。

有關今期內容

Q1：今期主題：「拋體力學大剖析」
03☐非常喜歡 04☐喜歡 05☐一般 06☐不喜歡 07☐非常不喜歡

Q2：今期教材：「旋轉射擊裝置」
08☐非常喜歡 09☐喜歡 10☐一般 11☐不喜歡 12☐非常不喜歡

Q3：你覺得今期「旋轉射擊裝置」容易組裝嗎？
13☐很容易 14☐容易 15☐一般 16☐困難
17☐很困難（困難之處：＿＿＿＿＿＿＿＿） 18☐沒有教材

Q4：你有做今期的勞作和實驗嗎？
19☐搖搖海盜船 20☐實驗一：風力自行珠
21☐實驗二：萬試萬靈自旋球

請沿實線剪下

請沿實線剪下

問　卷

請以膠水封口

讀者檔案

#必須提供

#姓名：　男／女　年齡：　班級：

就讀學校：

#居住地址：

#聯絡電話：

你是否同意，本公司將你上述個人資料，只限用作傳送《兒童的科學》及本公司其他書刊資料給你？（請刪去不適用者）
同意/不同意　簽署：________________ 日期：________年_____月_____日
（有關詳情請查看封底裏之「收集個人資料聲明」）

請以膠水封口

讀者意見

A 科學實踐專輯：神槍手大決戰
B 海豚哥哥自然教室：孟加拉白虎
C 科學DIY：搖搖海盜船
D 科學實驗室：幻影球特技
E 曹博士信箱：為甚麼螞蟻可以爬牆而不掉下來？
F 大偵探福爾摩斯科學鬥智短篇：快速列車謀殺案（3）
G 科技新知：汗水也能發電？
H 讀者天地
I 誰改變了世界：昆蟲詩人 法布爾
J 科學快訊：水熊蟲的新「復活」大法！
K 活動資訊站
L 數學偵緝室：羊駝大追捕（下）
M 天文教室：中國太空站—天宮完成組建
N 科學Q&A：植物網絡世界

＊請以英文代號回答**Q5**至**Q7**

Q5. 你最喜愛的專欄：
第1位 22______ 第2位 23______ 第3位 24______

Q6. 你最不感興趣的專欄：25______ 原因：26______

Q7. 你最看不明白的專欄：27______ 不明白之處：28______

Q8. 你從何處購買今期《兒童的科學》？
29☐訂閱 30☐書店 31☐報攤 32☐便利店 33☐網上書店
34☐其他：______

Q9. 你有瀏覽過我們網上書店的網頁www.rightman.net嗎？
35☐有 36☐沒有

Q10. 你想看跟哪些知識有關的專欄？(可選多於一項)
37☐物理 38☐化學 39☐動物 40☐古生物
41☐植物 42☐地理 43☐人體 44☐生活
45☐氣象 46☐建築 47☐物料 48☐環保
49☐機械 50☐數學 51☐其他______